岩石和矿物

[西] 西班牙 Sol90 公司◎著　　田小森◎译

首页的图片：

这块岩石中间包裹着蛋白石，它就像时间凝结成的精华一样，需要经历数百万年的时间才能形成。

四川少年儿童出版社

目　录

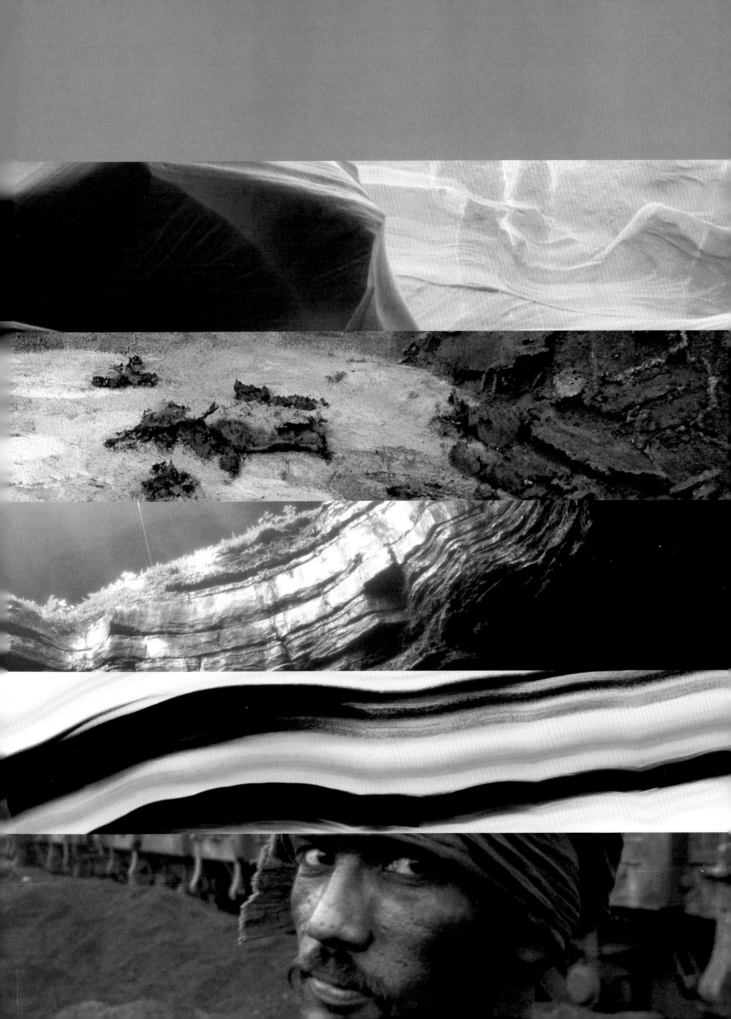

行星的记忆

　　岩石，就像飞机上的黑匣子一样，一丝不苟地记录着过去发生的重要信息。无论在山腰上架起洞穴的岩石，混杂在褶皱中的岩石，还是躺在湖水或海水最底部的岩石，它们的身上都藏着洞察过去的线索，它们无处不在。通过研究岩石，我们甚至可以回溯地球的历史。即使是最不起眼的岩石，也能讲述不为人知的故事，因为从宇宙诞生之初，它们就已经存在了。在40亿年以前，它们都曾是围绕着太阳旋转的气体和尘埃。这些岩石还沉默地见证了我们的行星所经历的巨大变化。它们体会过冰期的寒冷，知道地球内部的酷热，也感受过海洋的暴怒。它们身上保留了太多能够反映当时环境特征的信息，比如风、雨、冰和温度的变化，同时也记录了这些因素在数百万年的时间中，是如何一步步改造地表环境的。

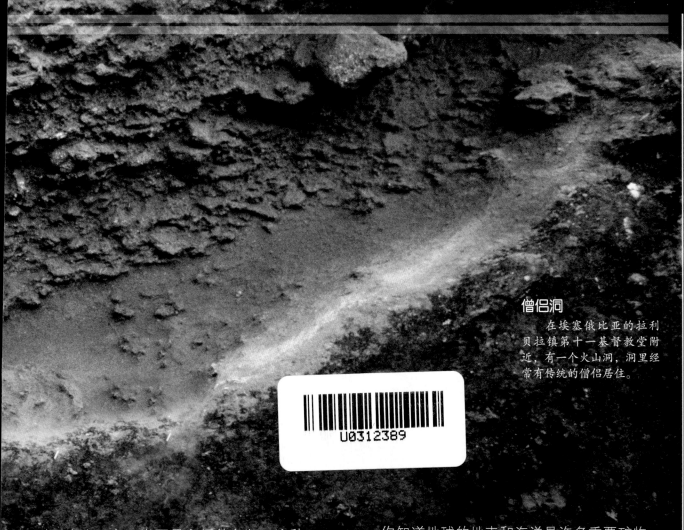

僧侣洞

在埃塞俄比亚的拉利贝拉镇第十一基督教堂附近，有一个火山洞，洞里经常有传统的僧侣居住。

对于古人而言，岩石是永恒的象征。这种观念一直存在在于人类中，因为岩石一直都很坚忍，但是它们也会随着时间不断循环变化。5 000万年前的一切都与我们现在熟知的不同，安第斯山脉、喜马拉雅山脉、南极洲，还有撒哈拉沙漠，这些都不同。风化和侵蚀的作用十分微弱，但是在漫长的时间长河中，它们从来都不曾停歇过。在未来，这一切又将会变成什么样？我们不知道，唯一能确认的是，陆地上总会堆满岩石。只有岩石会留存下来，它的化学成分、外形、结构会保留着当初的线索，记录当时的地质事件以及地球的外貌特征。

在这本书中，我们会为你展示令人惊叹的画面，你也能从中体会到岩石独有的语言，以及自然之力的震撼。同时，你也会学到如何识别一些重要的矿物，了解它们的物理和化学特征，认识它们赖以形成的环境。

你知道地球的地壳和海洋是许多重要矿物的来源吗？这些矿物是人类生存所必需的。煤炭、石油还有天然气可以让我们取暖，也让现代化的交通成为可能。而且，人们身边所有的物品中，都有从岩石和矿物中提取的元素。例如，用来制造饮料罐的铝；用来制造电缆的铜；还有用来制造太空飞船的特殊材料，也是钛和其他耐久材料混合制成的。我们邀请你阅读这本有趣的书，其中藏满了有趣又有价值的信息。可千万别错过哟！

地壳动力学

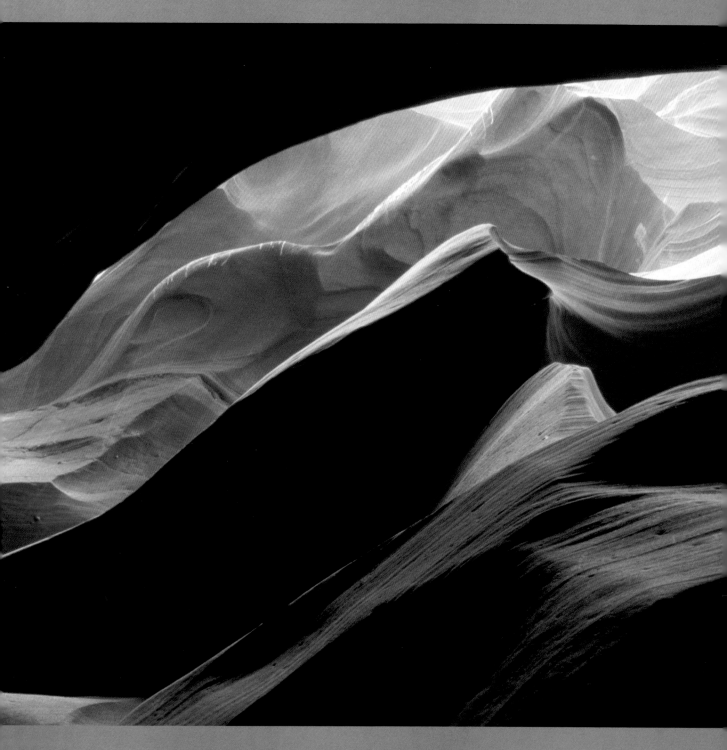

地球就像是一台搅拌机，岩石会随着地壳运动而不断移动、撕裂、破碎。碎块会逐渐沉积下来，形成不同的地层。由风和雨构成的风化作用会不断侵蚀岩石，把磨损的部分搬运到其他地方。整个过程会使地表形成山峦、悬崖、沙丘以及其他地貌。沉积物会以层状沉积下来，最终变成沉积岩。整个循环的过程一直都在进行，永远也不会停下来。在5 000万年的

砂之山

在亚利桑那的克拉斯古谷中，有一系列砂岩形成的小山，它们的外形、颜色和结构各不相同。依据不同的光线条件，它们会表现出不同颜色，比如粉红色、黄色和红色。

时间中，任何一座我们熟悉的山峦在这样的节奏中都难以幸免。

穿越时光之旅

地质学家和古生物学家能够通过一些证据回溯地球的历史过程。通过分析出露地表的岩石、矿物和化石，专家可以分析地壳深处的岩石，这些信息同样也会反映出地质历史中的气候和大气变化，以及相关的灾变事件。陨石或小行星在地表撞出的陨石坑同样蕴藏了地质历史相关的丰富信息。

复杂的结构

◥ 地核的形成

当宇宙中的尘埃开始聚集时，就会形成逐渐增长的天体，也就是地球的前身。由于高温和重力作用，重元素会向行星的内部迁移，而比较轻的元素会向地表迁移。当陨石雨不断砸向地球后，地表开始固结形成地壳，而在地球的内部，铁之类的元素则聚集在一起，形成炙热的地核。

2 碰撞融合
重元素向中心迁移

1 细小的颗粒和尘埃聚集在一起，形成小行星。

最古老的矿物已经形成，例如锆石。

最古老的岩石已经经过变质作用，形成片麻岩。

11 亿年以

早期的超级大陆已经形成。

一块巨大的陨石撞击在了加拿大安大略的萨德伯里。

4 600

单位：百万年

代	▶ 冥古代	▶ 原生代
纪	▶ 前地质时期	▶ 前寒武纪
世		
气候	在陨石雨的轰击下，地壳开始固结。　地球逐渐冷却，海洋逐渐形成。	
生命		

2 500

图表中显示的元素

这些元素以多种化合物的形式出现。如今地壳中富含的各种元素，和地壳在形成之初所包含的元素是相似的。在地壳中，含量最高的元素是氧，它与金属元素和非金属元素相结合，构成了多种不同的化合物。

2 500

冰川覆盖：白色的地球
此时，地球经历了第一次全球变冷事件（冰川事件）。

800 第二次冰期
600 最后一次大冰期

最早的动物

在前寒武纪伊迪卡拉软体动物的众多化石中，留下了已知最早的动物记录。它们生活在海底，大多为圆形，容易让人联想到水母；还有一部分则有些平，呈扁平状。

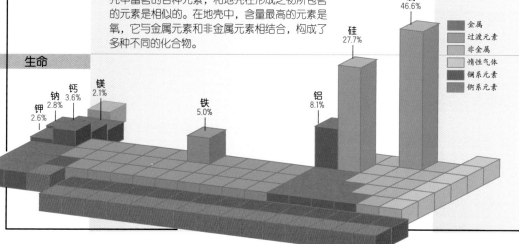

图例：
- 金属
- 过渡元素
- 非金属
- 惰性气体
- 镧系元素
- 锕系元素

- 钾 2.6%
- 钠 2.8%
- 钙 3.6%
- 镁 2.1%
- 铁 5.0%
- 铝 8.1%
- 硅 27.7%
- 氧 46.6%

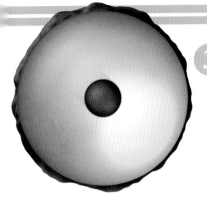

3 金属核

较轻的元素形成地幔。

内核

地球中的地核由铁口镍构成，温度极高。

山脉

山脉是由地球内部产生的巨大内力造成的，它由上地壳折叠、弯曲、挤压而成。

造山运动

在地质史史中，我们可以识别出以百万年计算的长周期事件，在此期间地球上不断形成了大量山脉，我们把这种现象称为造山运动。不同期次的造山运动在地理位置和所涉及的岩石种类上均有不同。

542

盘古超级大陆形成，包含了部分现有的大陆。北美洲就是从盘古大陆中分离出来的。

第一次造山运动从此开始（加里东运动），冈瓦纳大陆向南极运动。

劳伦大陆和波罗地大陆碰撞，形成了加里东山带。苏格兰海岸沿线也形成了大量片麻岩。

北美大陆的前身向赤道移动，这一时期形成了非常重要的碳酸盐岩层。冈瓦纳大陆继续缓慢移动，洋壳也以类似的速度逐渐扩张。

泛大陆形成。

阿巴拉契亚山脉逐渐形成。

山脉顶部有大量通过沉积作用形成的页岩。

波罗地板块和西伯利亚板块碰撞，形成了乌拉尔山脉。

西伯利亚喷发了大量岩浆。

542	**488.3**	**443.7**	**416**	**395.2**	**299**

古生代（属于原始动物的时期）

寒武纪	▶ 奥陶纪	▶ 志留纪	▶ 泥盆纪	▶ 石炭纪	▶ 二叠纪

气温降低。当时大气中的二氧化碳含量是如今的16倍。

在奥陶纪，科学家认为大气中的二氧化碳含量远比现在的多。气温的浮动范围和我们现在经历的十分相近。

在这一时期，有颌类的脊椎动物已经出现，例如盾皮鱼和硬骨鱼，而且棘鱼也逐渐出现。

气候比现在更热，氧气的含量也已经达到地史时期的最大值。

气候比现在更炎热湿润，在沼泽地区形成了大量热带雨林。

现在我们不断攫取的煤炭，就是当时的森林。

寒武纪大探索

这个时期发现的化石证明，当时海洋生物已经相当繁盛，并且出现了不同的骨骼结构。例如，三叶虫和海绵的骨骼就非常不一样。

在志留纪中，鱼形的脊柱动物逐渐形成，它们有坚硬的外壳，但是没有下颌。

在这个时期的岩层中，出现了大量鱼类化石。

陆地部分则被巨型的蕨类植物覆盖。

两栖动物分化后，爬行动物逐渐成形。它们是从两栖动物的一个分支中分化出来的最早的羊膜动物。像蜻蜓之类有翅膀的昆虫也出现了。

棕榈树和针叶树已经取代了石炭纪的植被。

大灭绝

在二叠纪末期，高达95%的海洋动物和2/3的陆生动物都在一次大灭绝事件后消失了。

三叶虫

海洋节肢动物，外骨骼已经石化。

不速之客

　　科学家认为，在 6 500 万年前，尤卡坦半岛的希克苏鲁伯地区曾被一颗巨大的陨石撞击过。撞击引发的爆炸使大量混合着炭的碎屑飘向空中。当碎屑重新落回地面后，就引发了全球规模的大火。

100 千米

　　撞击在尤卡坦半岛上的陨石制造了这么大直径的一个陨石坑。现在，它已经被 3 千米厚的石灰岩掩盖住了。

　　冲击形成的爆炸不仅带来了巨大的热量，无数向空中飘浮的灰烬也起到了温室效应，这些因素共同作用，对当时一系列的气候变化产生了很大的推动作用。很多人都认为，这就是造成恐龙灭绝的原因。

山脉的形成时间

60	中央落基山脉
30	阿尔卑斯山脉
20	喜马拉雅山脉

冈瓦纳大陆出现。

非洲大陆从南美板块中分离出来，南太平洋出现。

251	199.6	145.5	65.5
▶ 中生代（爬行动物的时代）			▶ 新生代（哺乳动物的时代）
▶ 三叠纪	▶ 侏罗纪	▶ 白垩纪	▶ 古近纪

　　二氧化碳水平持续升高，平均气温也比现在高。

　　大气层中的氧气浓度要远比现在高。

属于开花植物的时代

　　在白垩纪末期，首批被子植物（种子有厚壳保护，会开花结果）开始出现。

　　此时全球的平均温度在 17 摄氏度。覆盖在南极洲的冰盖在此后逐渐变厚。

　　昆虫的数目激增。

　　恐龙开始出现。

　　鸟类开始出现。

　　恐龙开始出现适应辐射（快速演化出不同的特性，适应不同的生态位）。

又一次生物大灭绝

　　在白垩纪末期，50% 的生物都出现了灭绝的情况。恐龙、大型海生爬行动物（比如蛇颈龙）、在空中飞行的庞然巨物（比如翼手龙），以及菊石（软体动物门头足纲）都从地球上消失了。在中生代初期，当时灭绝的动物空缺出的生态位，逐渐被哺乳动物占领。

　　首批哺乳动物从两栖动物中的兽形目中分化了出来。

异龙

　　这种肉食性恐龙的长度可达 12 米。

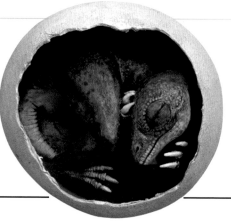

匀衡的元素

在地壳中，广泛分布着像铁和硅酸一样的矿物。只有地壳在熔融的地幔上运动时，才会打断这种均衡的状态。

地壳

地球的地壳在海洋区可达 10 千米厚，在陆地区可达 50 千米厚。

岩石圈

这是包裹在地球最外部的固体岩石圈，包含部分上地幔。

地幔

地幔厚度可达 2 900 千米，主要由固态的岩石构成。地幔的温度会随深度的增加而逐渐变高。地幔上半部分是软流圈，由半固态岩石构成。在软流圈表层，处于熔融状态的岩石最终会冷却下来，构成地壳。

北美和欧洲分离。在这个阶段的末期，南美和北美逐渐连了起来，巴塔哥尼亚地层结束沉积，一个非常重要的逆冲断层把安第斯山脉推了起来。

非洲裂谷带和红海已经逐渐打开。原印度大陆与欧亚大陆发生了碰撞。

23.03

气温降低到和现在类似的程度。低温使热带雨林不断缩减，草原不断扩张。

最后一次冰期

300 万年前，地球上出现了距今最后一次的冰期，这次冰期在第四纪时变得更加严峻。北极的冰盖不断挺进，直到占领了整个北极圈。

地核

外核

外核大概有 2 270 千米厚，包含了铁、镍和少量其他化合物。

内核

内核直径大概为 1 216 千米，包含铁和镍等物质。由于周围的高温和高压，这些物质又固化了。

猛犸象

它们当时生活在西伯利亚地区，灭绝的原因仍存在争议。

大量身披羽毛的鸟类和身披长毛的哺乳动物开始快速繁衍发展。

人类开始在地球上出现

虽然最早的人类化石可以追溯到 700 万年前，但科学家们普遍认为，现代人是在更新世末期首次在非洲出现的。在 10 万年前，他们才迁往欧洲，当时的欧洲还有大量冰川覆盖，并不太适宜居住。根据已有的一种假设，人类在 10 万年前才穿越白令海峡，到了现在的美洲地区。

持续不断的变化

我们的地球并非了无生机，完全一成不变。这个系统一直都处在变化之中，甚至，我们还能感受到它的变化：火山喷发、地震和新的岩石类型出现在地球表面。所有这些现象，都是地球内部活动造成的，我们把研究这种活动的学科叫作内部地球动力学。这门学科主要研究板块漂移和地壳均衡的变化过程，这个过程会驱动地壳发生运动，使部分地区发生隆升或沉降。在地壳的移动过程中，也会形成产生新岩石的环境，这些运动对岩浆作用（熔融状物质在固结后形成火成岩的作用）和变质作用（使固态岩石产生一系列变化形成变质岩的作用）也会产生影响。

岩浆作用

➡ 当地幔或地壳中的岩石达到一定的温度，岩石中的部分矿物到达熔点后，岩石就会熔化形成岩浆。因为岩浆的密度要比周围岩石低很多，所以就会上涌，直到变冷重新结晶。当这个过程在地壳内部发生时，就会形成深成岩和侵入岩，比如花岗岩。如果这个过程发生在地壳外部，就会形成火山岩和喷出岩，比如玄武岩。

变质作用

➡ 当岩石遭遇高温、高压（任意一种情况或两种情况叠加均可）时，就会变成塑性的，这时内部的矿物会变得不稳定。岩石会与周围的环境发生反应，产生不同类型的化合物，从而形成不同类型的岩石。此时，发生变化后的岩石就叫变质岩。这类岩石有：大理岩、石英岩和片麻岩等。

压力

这种条件会使古老的岩石和围岩中的矿物融合在一起，从而形成新的变质岩。

温度

高温会使岩石变成塑性的，内部的矿物也会变得不稳定。

地壳外部
火山岩

地壳内部
深成岩

岩浆室

地壳

海平面

洋壳

100 千米

200 千米

流动方向

软流圈

夏威夷 基拉韦厄火山
北纬 19 度
西经 155 度

褶皱

> 尽管地壳是由固态的岩石组成的，但是依然
具有一定的弹性。地球本身的力量会给岩石
施加压力，从而形成褶皱。当大规模的褶皱形成时，
地壳会增厚隆起，同时稍微下沉，这一系列的改变
会形成山峰甚至山脉。通常，这种作用过程发生在
俯冲带。

褶皱

要使岩石形成褶皱，需
要在岩石上施加大量的力，
岩石本身也必须有塑性。

断裂

> 当施加在岩石上的力太过猛烈时，岩石就会
失去塑性而发生断裂。这时，会形成两种不
同的现象，一种是节理，一种是断层。当这种断裂
突然发生时，就会形成地震。节理一般是一些裂缝
或者裂隙，而断层则是断裂的两端已经相对移动了
一段距离。

断裂

当岩石突然断开时，
就会形成地震。

改造地表

　　地表的形态是由风化和侵蚀这两种破坏性的营力不断改造形成的。这些营力和之前提到的地质共同产生影响，使岩石破碎、分离，最终又汇聚在一起。有机生物也会产生相应的破坏作用，特别是植物的根系和一些会挖地打洞的动物。一旦构成岩石的矿物出现了破碎，岩石本身也会在雨和风的侵蚀之下逐渐破裂。

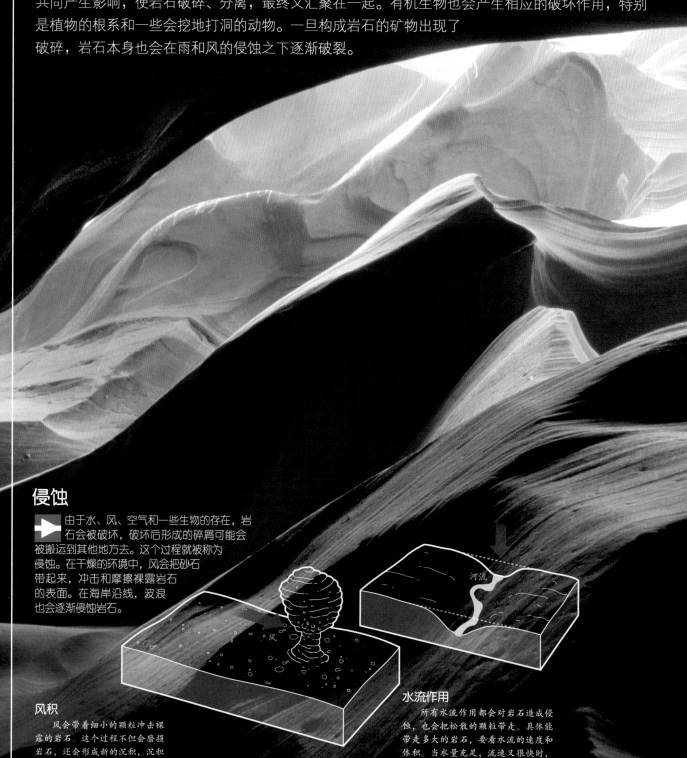

侵蚀

　　由于水、风、空气和一些生物的存在，岩石会被破坏，破坏后形成的碎屑可能会被搬运到其他地方去。这个过程就被称为侵蚀。在干燥的环境中，风会把砂石带起来，冲击和摩擦裸露岩石的表面。在海岸沿线，波浪也会逐渐侵蚀岩石。

风

河流

风积

　　风会带着细小的颗粒冲击裸露的岩石。这个过程不但会磨损岩石，还会形成新的沉积，沉积物按大小可分为沙砾和土。

水流作用

　　所有水流作用都会对岩石造成侵蚀，也会把松散的颗粒带走。具体能带走多大的岩石，要看水流的速度和体积。当水量充足，流速又很快时，能够带走更大颗粒的岩石。

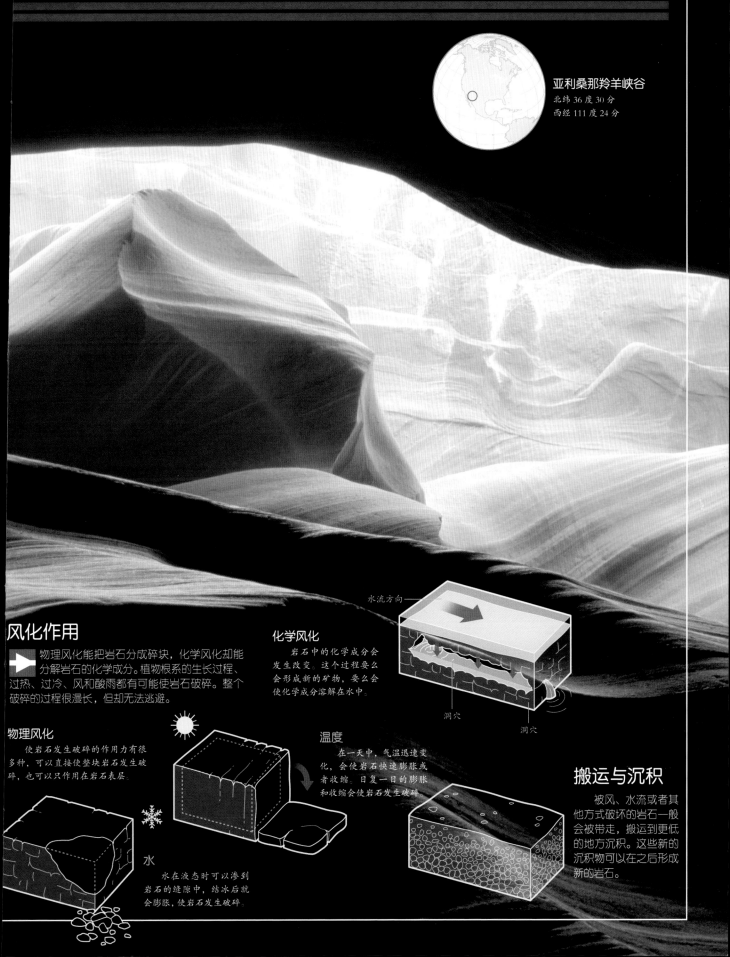

风化作用

物理风化能把岩石分成碎块，化学风化却能分解岩石的化学成分。植物根系的生长过程、过热、过冷、风和酸雨都有可能使岩石破碎。整个破碎的过程很漫长，但却无法逃避。

物理风化

使岩石发生破碎的作用力有很多种，可以直接使整块岩石发生破碎，也可以只作用在岩石表层。

水

水在液态时可以渗到岩石的缝隙中，结冰后就会膨胀，使岩石发生破碎。

温度

在一天中，气温迅速变化，会使岩石快速膨胀或者收缩。日复一日的膨胀和收缩会使岩石发生破碎。

化学风化

岩石中的化学成分会发生改变。这个过程要么会形成新的矿物，要么会使化学成分溶解在水中。

水流方向

洞穴

洞穴

搬运与沉积

被风、水流或者其他方式破坏的岩石一般会被带走，搬运到更低的地方沉积。这些新的沉积物可以在之后形成新的岩石。

岩石之前，是矿物

我们居住的这个星球可以被看作一块巨大的岩石，更准确地说，至少有一个由不同岩石组成的岩石圈。岩石是由一种或多种物质组成的，组成岩石的成分就是矿物（由不同元素经过化学反应形成）。要知道，不同矿物只会在特定的温度和压力条件下才能保持稳定。在地质学的岩石学与矿物学分支中，会具体研究岩石和矿物的特性。

1 200 万年前

大面积的火山喷发形成了岩石基底，同时也塑造了智利的托雷德裴恩国家公园中独特的自然景观，以及一系列山峰。

智利托雷德裴恩国家公园

南纬 52 度 20 分
西经 71 度 55 分

主要成分	花岗岩
最高峰	佩因山（3 050 米）
表面积	2.42 平方千米

托雷德裴恩国家公园位于智利，在安第斯山脉和巴塔哥尼亚草原中间。

从矿物到岩石

从化学的角度来看，矿物是均质体，岩石则是由多种不同的化学物质组成的。不同的单质或化合物对应着不同的矿物。所以，构成岩石的矿物同时也构成了山脉。我们可以根据它们不同的特性分辨出矿物和岩石。

石英
由二氧化硅构成，可以让岩石呈现白色。

云母
由硅、铝、钾等元素构成的化合物组成，呈现出非常薄的片状结构，云母可以是黑色，也可以是白色。

长石
浅色硅酸盐矿物，是地壳的主要组成成分。

花岗岩
由石英、长石和云母等矿物组成。

状态改变

在改变岩石的过程中，温度和压力扮演了非常重要的角色。在地球内部，会生成液态的岩浆。当岩浆抵达地表时就会固结，这就像水的温度降低到 0 摄氏度时会冻结一样。

矿 物

达 洛尔地区大部分地带被茫茫沙漠所覆盖。这里蕴含各种矿物，地表呈现出象牙色，地面零星散布着碧绿的池塘、橙色的含硫盐柱。这里的一些矿物非常特殊，也就是我们常说的宝石。这些宝石因为稀少且美丽而被遴选出来，被人们加以珍藏，这其中最珍贵的就是钻石。你知道吗？人类耗费了上

达洛尔火山

　　这座火山位于埃塞俄比亚，是地球上唯一一座位于海平面之下的陆地火山，也是地球上最炎热的地带之一。火山喷发出的硫黄和其他矿物使它看上去艳丽无比。

　　万年的时间，才找到了将金属从岩石中分离出来的办法。除此之外，还有一些非金属矿物也很有价值，因为其用途非常特殊。比如，石墨可以用于制造铅笔，石膏能够用于建造楼房，盐则在日常饮食中起到了关键的作用。

矿物成分

　　矿物是组成地球以及宇宙中其他所有固态物体的"砖块"。它们通常按照化学成分和有序的内部结构进行界定。多数矿物是固态结晶体，但也有一些矿物如同玻璃一般，内部结构属于无序的非晶质固体。研究矿物有助于对地球起源的认识。矿物的分类不仅依照其成分和内部结构，其标准还包括硬度、重量、颜色、光泽、透明度等特性。目前人类已经发现了超过 4 000 种矿物，但是在地球表面常见的只有大概 30 种。

成分

　　矿物的基本成分是元素周期表中的化学元素。当矿物单独存在，仅含一种元素，以最纯净的状态出现时，称作自然元素矿物；当它们由两种或两种以上元素组成时，属于化合物矿物。绝大多数矿物属于后者。

112

矿物来源于元素周期表中的 112 种元素。

1 自然元素矿物

自然元素矿物包含以下几种：

A 金属

　　金属自然元素矿物导热性和导电性高，具有典型的金属光泽，硬度低，具韧性和延展性。此类矿物易于识别，包括金、铜、铅等。

金
导热性和导电性极佳，几乎不受酸的腐蚀。

银
　　放大图像展现了银以八面体的状态堆积形成树枝状结晶，结晶有时也以延伸状出现。

树枝状银晶体的显微照片

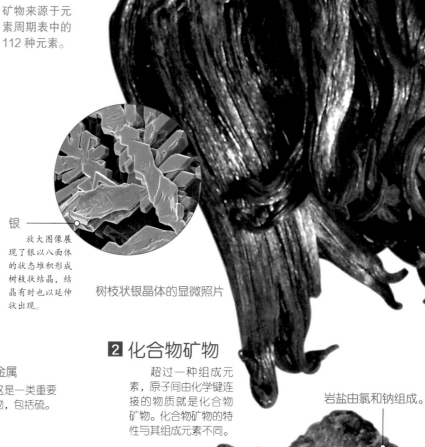

B 半金属

　　半金属自然元素矿物相比金属更易碎，导电性更低，例如砷、锑、铋。

铋

C 非金属

　　这是一类重要的矿物，包括硫。

硫

2 化合物矿物

　　超过一种组成元素，原子间由化学键连接的物质就是化合物矿物。化合物矿物的特性与其组成元素不同。

岩盐由氯和钠组成。

同质多象

▶ 化学成分相同，但结构不同时，形成的矿物也不一样，这种现象称为同质多象。在温度和压力的作用下，同质多象体之间可以发生或快或慢，或可逆或不可逆的转换。

化学成分	晶系	矿物
碳酸钙	三方晶系	**方解石**
碳酸钙	斜方晶系	**文石**
硫化铁	立方晶系	**黄铁矿**
硫化铁	斜方晶系	**白铁矿**
碳	立方晶系	金刚石
碳	六方晶系	石墨

金刚石与石墨

矿物的内部结构影响其硬度。石墨和金刚石都仅由碳元素组成，但硬度却截然不同。

金刚石

石墨

4 000

国际矿物协会已经确认了超过 4 000 种矿物。

类质同象

▶ 具有相同结构的矿物（如岩盐和方铅矿）进行阳离子交换，称为类质同象。经过转换的矿物结构保持不变，但由于发生了离子交换，其物质发生变化。例如菱铁矿中的铁被大小相近的镁替换，就逐渐转变为菱镁矿。由于离子大小一致，其结构保持不变。

岩盐与方铅矿

岩盐 NaCl

Na　Cl

方铅矿 PBS

S　Pb

立方体内部结构

碳原子

模型演示了 1 个原子是如何与 4 个原子连接的。

每个原子与 4 个同种类型的原子连接。碳原子网络通过强大的共价键呈三维延伸，因此矿物具有几乎坚不可摧的硬度。

摩氏硬度为 10

原子构成六边形，它们在平面上相互紧密连接。这一结构使得碳原子层间可以相互滑动。

摩氏硬度为 1

分辨矿物

矿物的光学特性是矿物对光线的反应，可以通过岩相显微镜进行分析。与普通显微镜不同的是，岩相显微镜有两套设备，能够使光产生偏振。因此，我们可以判断出一些矿物的光学性质。但要通过光学性质识别矿物，最精确的手段是使用 X 射线衍射仪。

颜色

 颜色是矿物最显著的特征之一，但在鉴别矿物时并不总是能起到作用。一些矿物的颜色始终不变，称为自色；另一些矿物颜色多变，称为他色。决定矿物颜色的因素很多，例如矿物中包含的杂质或包裹体。

自色

一些矿物的颜色一直不变，例如孔雀石。

孔雀石　　　　硫

他色

根据所含杂质或包裹体的不同，矿物可以具有几种不同的颜色。

石英

无色水晶

无色，是石英最纯净的状态。

其他次生矿物，即外来矿物，使石英显现出颜色。外来矿物不存在时，石英处于无色状态。

芙蓉石

锰元素的存在使其呈粉色。

黄水晶

因含有铁元素而呈暗黄色。

烟水晶

这是一种呈深棕色或褐色的矿物。

紫水晶

含三价铁离子，因而呈紫色。

条痕

　　条痕色是矿物粉末的颜色，可用于鉴定矿物。

条痕颜色

　　相比于矿物的颜色，更可靠的鉴定标准是条痕色，即矿物划过坚硬的白色表面时留下的粉末颜色。

赤铁矿

颜色：黑色

条痕色：棕色

发光性

　　在特定的能量源下，一些矿物能发光。矿物在紫外线或X射线的照射下所发出的光称为荧光。如果停止照射后矿物持续发光，这种光称为磷光。阴极射线、普通光、热量或电流也可以使部分矿物产生响应，发出光线。

玛瑙

　　玛瑙属于玉髓，是一种隐晶质石英，其色彩分布不均匀。

　　在形成环境的作用下，玛瑙以条带状结晶。在低温下，玛瑙从水溶液中沉淀析出，填充岩石中的孔洞。其颜色反映了岩石的多孔性、所含包裹体的程度以及结晶过程。

金属

　　此类矿物完全不透明，这是自然元素矿物和硫化物的典型特征，例如铜和方铅矿。

半金属

　　此类矿物的光泽介于金属和非金属之间。

折射与光泽

　　折射与光线在晶体中穿过时的速度有关。根据光线通过晶体的方式，矿物的折射可被分为单折射和双折射。光泽取决于光在矿物表面的反射和折射，通常由矿物表面的折射系数、入射光的吸收率、观测表面的具体特征（光滑度、磨光度等）等因素决定。

非金属

　　此类矿物在切成薄片时能传递光线。它们可以具有几类不同的光泽：玻璃光泽（石英）、珍珠光泽、丝绢光泽（滑石）、树脂光泽或土状光泽。

矿物鉴定

矿物的物理性质在矿物的初步识别中起着重要作用。其中一项物理性质就是硬度，如果一种矿物能在另一种矿物上划出痕迹，表示前者比后者硬度高。根据德国矿物学家弗里德里希·摩氏创建的硬度表，矿物的硬度可以划分为 1 到 10 这 10 个等级。另一种物理性质是韧性，代表了矿物抵抗折断、变形、挤压的能力。还有一种物理性质是磁性，即矿物被磁体吸引的能力。

解理和断口

➡ 矿物倾向于沿着晶体结构中化学键较弱的面破裂，分离成平行于其表面的平板，称为解理。无解理的矿物破裂时会产生不规则状的断口。

电气石
这是一种硅酸盐矿物。

颜色
部分电气石晶体具有不止一种颜色。

解理类型

立方体

八面体

十二面体

斜方六面体

棱柱

轴面

断口

断口可呈不规则状、贝壳状、平坦状、裂片状或土状。

不规则断口
不平整、裂片状的表面

摩氏硬度表

10 种矿物由软至硬排列，组成硬度表。每种矿物都能被硬度更高的矿物划刻。

1. 滑石 是最软的矿物。

2. 石膏 可以被指甲划出痕迹。

3. 方解石 与铜币硬度一致。

4. 萤石 可以用小刀划出痕迹。

5. 磷灰石 可被玻璃划动。

产生电荷

▶ 部分晶体能产生压电和热电的现象，如石英在温度变化或机械张力的作用下，两端产生电位差，从而具有极性电荷。

压电性

机械张力使晶体中的正负电荷重新分布，从而产生电流，如电气石。

压力

正电荷

负电荷

热电性

由于温度变化，晶体体积发生改变，继而产生电流。

热量

正电荷

负电荷

密度

反映了矿物的结构和化学成分。金和铂属于密度最大的矿物。

电气石的摩氏硬度是

7–7.5。

6. 正长石
可被钻头划动。

7. 石英
可被回火钢划动。

8. 黄玉
可被钢锉划动。

9. 刚玉
只有金刚石能划动刚玉。

10. 金刚石
是最硬的矿物。

矿物沙漠

达洛尔地区是埃塞俄比亚阿法尔洼地的一部分。它被称为"魔鬼的厨房",因为这里是全世界平均温度最高的地区,可达 34℃。达洛尔是一片矿物的沙漠,在象牙色的地壳上散布着绿色的池塘和亚硫酸盐形成的橘黄色塔柱,称为溶岩滴丘(高 2.5-3 米)。它们中很多至今仍然活跃,能喷出沸水。

老化且不活
的溶岩滴丘

达洛尔火山

位置	阿法尔洼地
火山类型	爆裂火山口
海拔	-48 米
上次喷发时间	1926 年
每年的盐析出量	135 000 吨

剖面图

达洛尔位于海平面以下 48 米

30 亿吨

这是阿法尔洼地的岩盐总储存量。

矿化过程

从岩浆喷泉喷出的水在地表成为热水。当水蒸发后,水中的盐分形成沉淀。

3 蒸发
地面高温导致水分蒸发,盐在地表形成沉积。

2 上升
水穿过盐层和硫黄层上升至地表。

1 加热
火山的热量将地下水加热。

新沉积物
新的沉积物呈白色,随着时间推移,颜色逐渐变深。

池塘
溶岩滴丘产生沸水,在地表形成小的池塘。

老沉积物
较深的颜色表明其已有数月之久。

盐沉积物

▶ 地下水与火山热量接触时产生热液活动。热量导致水在高压下上升，穿过盐层和硫黄层。随后水将盐和硫黄溶解，待水在地表冷却时，它们重新沉降，形成池塘和溶岩滴丘。其丰富的色彩可能是由其硫黄成分和特定的细菌造成的。

溶岩滴丘的种类

溶岩滴丘包含两类：一类是活跃型，能喷出沸水；另一类是不活跃型，只是含有盐分。

活跃型

能喷出沸水，并且在持续生长。

不活跃型

由盐组成，过去曾经活跃，但现已不再喷水。

沸水

外表面呈深色的溶岩滴丘已经形成几个月了。

3 出口
热水从溶岩滴丘中喷出。

2 加热
水与高温岩石接触，从而保持温度。

2.5–3 米高

热水从下层土壤上升

年轻、活跃的溶岩滴丘

1 上升
热水从地下开始上升

人工提取

▶ 盐矿可在不依靠任何机器的情况下被提取。在埃塞俄比亚南部的干旱气候下，居住着博勒纳人，他们靠手工提取矿物为生。他们裹着头巾，从而保护自己不受强烈阳光的伤害。每天的工作完成后，骆驼将劳动成果带至最近的村落。

头巾
保护工人在提取盐时免受沙漠极度高温下阳光的直射。

其他矿物
除了硫黄和硫酸盐，达洛尔地区还出产氯化钾，一种土壤肥料。

在阿法尔洼地，每年手工提取的盐量为

135 000 吨。

博勒纳
这是一个信奉伊斯兰教、说阿法尔语的种族，他们在达洛尔地区以提取盐为生。博勒纳人占埃塞俄比亚人口的 4%。

晶体的本质

所有矿物形成时都具有晶体结构。多数晶体产生于地下的岩浆冷却、变硬的过程。晶体学是研究晶体生长、形态、几何特征的学科。晶体中原子的排列可以通过 X 射线衍射确定。晶体的化学成分、原子排列与化学键强度间的关系属于晶体化学的研究内容。

离子键

常见于金属元素，在有其他带负电荷的原子存在时，它们倾向于失去电子。氯原子从钠原子获得电子时，它们带相反的电荷，因此互相吸引。钠原子分出一个电子（带负电荷）后呈正价态，而氯原子将轨道最外层填满，带负电荷。

图例

盐或岩盐

成键前	成键后
钠原子	钠离子
氯原子	氯离子

氯原子得到电子（负电荷），成为负价的离子。

钠原子

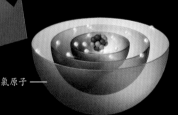
氯原子

钠原子失去电子，带正电荷。

钠原子

正负离子互相吸引、成键，形成新的稳定化合物。

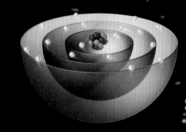

共价键

共价键形成于两种非金属元素间，例如氮和氧。原子经几何排布，能够共享最外层的电子。通过这种方式形成的晶体结构更稳定。

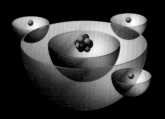

食盐晶体

当盐形成更大的晶体时，它们的形状就能通过显微镜被观察到了。

内部晶体网络

晶体的结构在其内部重复，即使最小单元的排列（氯离子和钠离子）也是如此。这种情况下，电荷间的作用力（异性相吸，同性相斥）构成稳定的立方体晶体。但不同的矿物成分会形成非常不同的形状。

图例

氯阴离子
此非金属最多只能获得一个负电荷。

钠阳离子
此金属最多只能获得一个正电荷。

7 种晶系

两种离子结合形成立方体。当离子超过两种时，可以形成其他结构。

原子键的基本形态

此图展示了原子间的晶体网络。

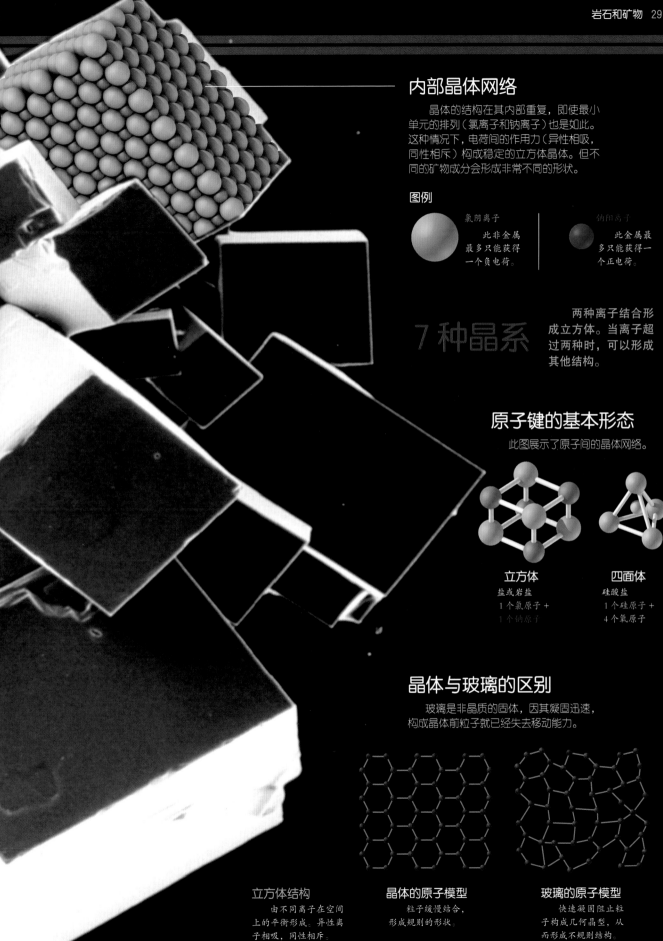

立方体
盐或岩盐
1 个氯原子 +
1 个钠原子

四面体
硅酸盐
1 个硅原子 +
4 个氧原子

晶体与玻璃的区别

玻璃是非晶质的固体，因其凝固迅速，构成晶体前粒子就已经失去移动能力。

立方体结构
由不同离子在空间上的平衡形成。异性离子相吸，同性相斥。

晶体的原子模型
粒子缓慢结合，形成规则的形状。

玻璃的原子模型
快速凝固阻止粒子构成几何晶型，从而形成不规则结构。

晶体对称性

全世界有超过 4 000 种矿物，它们在自然界以两种形态存在：不具特征性形态，或是拥有明确的原子排布的形态。这种原子排布的外在表现形式称为晶体。构成晶体的原子结构称为晶体网格，它们是由基本的单元晶格组成的。根据晶体网格，晶体分为 32 类；根据晶体的排列方式，这些网格又分为 7 种晶系。它们还可被分为 14 种三维网格，即布拉维点阵。

典型特征

▶ 晶体是均质的固体，其化学元素具有整齐的内部结构。单位晶格指原子或分子的分布，其在三维空间重复排布，构成晶体的结构。具有对称性的元素使 32 种晶体归类为 7 种晶系。这些晶系是基于纯几何形状的，如立方体、棱柱和棱锥。

立方晶系

3 条等长的晶轴垂直相交。

钻石

六方晶系

含 6 个面，夹角为 120°。从一端看，其横截面为六边形。

钒铅矿

单斜晶系

从某一角度切开后形似四方晶系，但其轴的夹角不呈 90°。

磷铝钠石

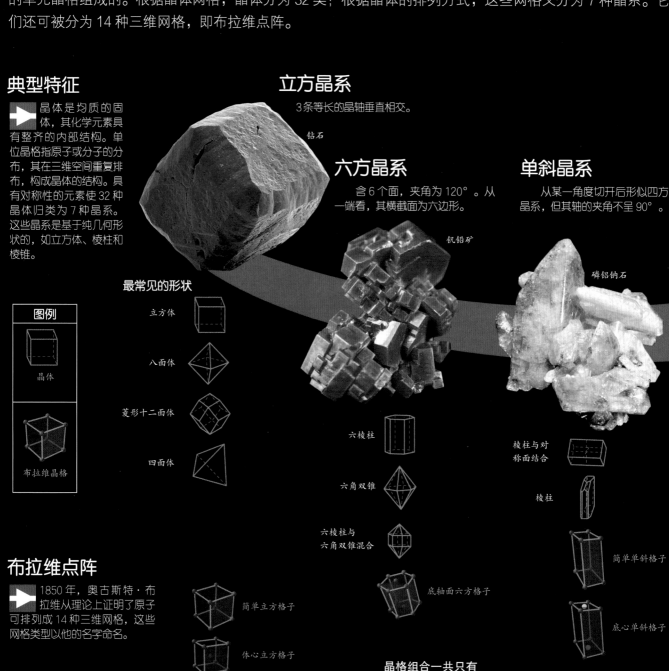

图例

晶体

布拉维晶格

最常见的形状

立方体

八面体

菱形十二面体

四面体

六棱柱

六角双锥

六棱柱与六角双锥混合

底轴面六方格子

棱柱与对称面结合

棱柱

简单单斜格子

底心单斜格子

布拉维点阵

▶ 1850 年，奥古斯特·布拉维从理论上证明了原子可排列成 14 种三维网格，这些网格类型以他的名字命名。

简单立方格子

体心立方格子

面心立方格子

晶格组合一共只有

14 种，

这些组合方式称为布拉维点阵（格子）。

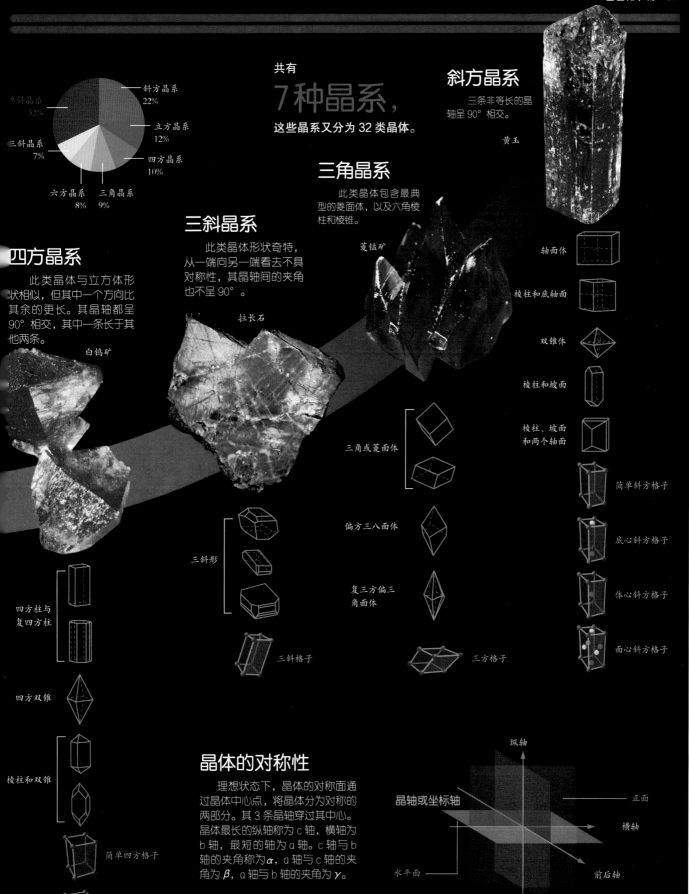

共有

7种晶系，

这些晶系又分为 32 类晶体。

斜方晶系 22%

立方晶系 12%

四方晶系 10%

三角晶系 9%

六方晶系 8%

三斜晶系 7%

单斜晶系 32%

斜方晶系

三条非等长的晶轴呈 90° 相交。

黄玉

轴面体

棱柱和底轴面

双锥体

棱柱和坡面

棱柱、坡面和两个轴面

简单斜方格子

底心斜方格子

体心斜方格子

面心斜方格子

三角晶系

此类晶体包含最典型的菱面体，以及六角棱柱和棱锥。

菱锰矿

三角或菱面体

偏方三八面体

复三方偏三角面体

三方格子

三斜晶系

此类晶体形状奇特，从一端向另一端看去不具对称性，其晶轴间的夹角也不呈 90°。

拉长石

三斜形

三斜格子

四方晶系

此类晶体与立方体形状相似，但其中一个方向比其余的更长。其晶轴都呈 90° 相交，其中一条长于其他两条。

白钨矿

四方柱与复四方柱

四方双锥

棱柱和双锥

简单四方格子

体心四方格子

晶体的对称性

理想状态下，晶体的对称面通过晶体中心点，将晶体分为对称的两部分。其 3 条晶轴穿过其中心。晶体最长的纵轴称为 c 轴，横轴为 b 轴，最短的轴为 a 轴。c 轴与 b 轴的夹角称为 α，a 轴与 c 轴的夹角为 β，a 轴与 b 轴的夹角为 γ。

晶轴或坐标轴

纵轴

正面

横轴

前后轴

水平面

矢状面

珍贵的晶体

美丽的外表、诱人的色泽、透明度、稀有性，这些是珍贵的石头共有的特征，钻石、祖母绿、红宝石、蓝宝石等皆为此类。与其他宝石相比，半宝石由价值相对较低的矿物构成。如今，钻石因其独特的"火彩"、光泽和极高的硬度成为最为广受赞誉的宝石。钻石的起源可以追溯到数百万年前，但人们对钻石的切割开始于 14 世纪。绝大多数钻石矿床位于南非、纳米比亚和澳大利亚。

钻石

▶ 结晶质的碳以立方晶系排布，构成钻石晶体。钻石炫目的光泽由其高反射系数以及光线在其内部的散射产生，光线的散射造成了不同色泽依次排列的效果。钻石起源于地下深处，是最坚硬的矿物。

1 采集

古火山喷发时，将钻石从很深的地方带到喷发遗留下的金伯利岩筒中，人们由此获得钻石。

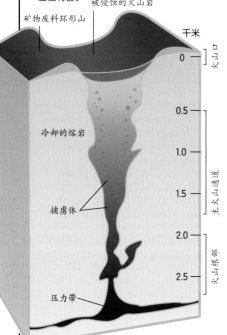

金伯利岩矿
被侵蚀的火山岩
矿物废料环形山

千米
火山口
0

冷却的熔岩
0.5
1.0
主火山通道
捕虏体
1.5
火山根部
2.0
压力带
2.5

2 切割与雕琢

钻石被另一枚钻石切割，从而达到最终的完美形态。这一过程由专业的切割师完成。

C 雕刻：
通过凿子锤子和圆锯将石雕刻成型。

B 切割：
用镶有钻石的切割刀将钻石切开。

A 检查：
切割前决定切割面。

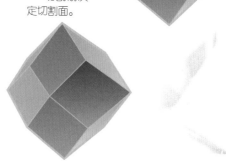

25 吨

要得到 1 克拉钻石，需废弃 25 吨矿物。
（1 克拉 =0.2 克）

8 克拉
13 毫米

1 克拉
6.5 毫米

0.03 克拉
2 毫米

宝石

▶ 矿物、岩石以及石化的物质经切割、抛光后可用于制作珠宝。其切割方式和切割而成的块数取决于矿物性质和晶体结构。

珍贵的宝石

钻石
其颜色由化学杂质产生。

祖母绿
其特征性的绿色由铬元素产生。

蛋白石
这种非晶质的二氧化硅可以具有多种颜色。

红宝石
其红色来自铬元素。

③ 抛光

对成型的宝石的各面进行抛光修整。

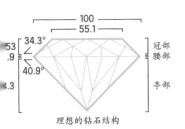

理想的钻石结构

100
55.1
34.3°
40.9°

冠部
腰部
亭部

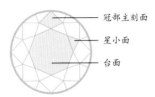

冠部主刻面
星小面
台面

光彩

钻石按照精确的角度和比例进行切割，因而其内部的面可以如镜子般反射光。

火彩

指切割好的钻石产生的炫目色彩。光线经折射会形成彩虹般的颜色。

光线

光线

光进入钻石。

底部的面使光在钻石内部反射。

光以相反的方向反射回冠部。

光线被分割成各单色光。

不同颜色的光在钻石中的折射角度不同。

32 微米

垂直测量

钻石的化学性质

强化学键连接的碳原子呈立方晶系结晶。杂质或结构上的瑕疵可以导致钻石展现出一丝不同的颜色，如黄色、粉色、绿色和青白色。

圆形　　祖母绿形　　公主方形　　三角形

梨形　　心形　　椭圆形　　马眼形

常见切割方式

在最大程度保证其光彩的前提下，钻石可以被切割成多种形状。

半宝石

蓝宝石

蓝色元素进入无色的刚。它们也可以呈黄色。

紫水晶

颜色取决于锰和铁元素的石英。

黄晶

其多变的颜色由硅、铝和氟形成。

石榴石

其颜色由铁、铝、锰和钒混合形成。

绿松石

颜色由磷酸铝和蓝绿色的铜元素产生。

历史上的钻石

　　钻石是一种身份的象征，其经济价值由供求关系决定。公元前 5 世纪，印度人就已经发现了钻石，但直到 20 世纪早期，钻石才具有尊贵的象征意义，因为美国的商家将其宣传为丈夫送给妻子的传统礼物。而一些钻石名声在外，不仅因为其经济价值，更与围绕着它们展开的神话传说、历史趣闻密不可分。

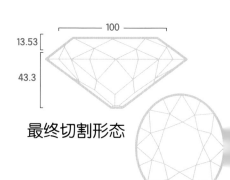

最终切割形态

光之山巨钻

　　这颗在印度发现的钻石现归属于英国王室。马尔瓦的首领曾在两个世纪的时间内拥有它，直到 1304 年它被蒙古人偷取。1739 年，波斯人将其占为己有。这颗见证了数次血战的钻石在 1813 年重回印度，随后归王室所有。

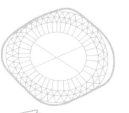

最初的切割

　　这颗钻石最初重 186 克拉，30 个面交汇融合成 6 面，并最终融合成 1 个面。这也是其名字"光之山"的由来。

女王的加冕礼

相关历史

　　作为锡克战争的赔偿，这颗钻石在 1856 年被献给维多利亚女王。女王命人将钻石重新切割，钻石减少至 109 个面。

只属于女性

　　由于人们认为光之山巨钻会给男性带来不幸，迷信的维多利亚女王在她的遗嘱中写道，这颗钻石今后只能传承给女王。

泰勒伯顿钻石

这颗重达 69.42 克拉的钻石于 1969 年被竞拍。拍下它之后的第二天，卡地亚以 110 万美元的价格将其转卖给演员理查德·伯顿。伯顿的妻子伊丽莎白·泰勒在离婚后以 3 倍的价格将其卖出。

伊丽莎白·泰勒

钻石谷的传说

亚历山大大帝将钻石谷的传说传播至欧洲。根据古档案，在印度北部的山脉中有一处无法抵达的山谷，谷底铺满了钻石。为了得到这些钻石，人们将生肉扔进谷底，经过训练的鸟将肉叼回，而这些回到人们手中的肉上沾有钻石。这个故事随后被记载在《一千零一夜》中。

拥有希望之星钻石的不幸

自希望之星钻石被从印度悉多女神的神庙中盗出开始，它一直给主人带来不幸。根据传说，这颗钻石的诅咒能够消灭生命、吞没财物。1949 年，钻石专家亨利·温斯顿将其买下，并于 1958 年将它捐献给位于华盛顿特区的美国国立博物馆，供游客参观。

已发现的最大钻石：库利南

这颗于 1905 年在南非发现的钻石是有史以来发现的最大的钻石。两年后，它以 30 万美元的价格卖给了德兰士瓦政府，随后作为 66 岁生日礼物被献给爱德华七世。爱德华七世将钻石交给荷兰的约瑟夫·亚塞，后者将钻石切割成 105 块。

9 大块和 96 小块

为了决定切割方式，约瑟夫·亚塞花了 6 个月来研究这块巨石。随后，他将其分为 9 块主要的大型钻石和 96 块小型钻石。

非洲之星

这是世界上第二大的钻石，重 530 克拉。它属于英国王室，一直被放在伦敦塔中进行展示。

传说

许多年来，由于希望之星钻石拥有者的不幸，人们逐渐相信它被下了诅咒。这颗钻石的最后一位个人拥有者伊芙琳·沃尔什·麦克莱恩在其家庭屡遭不幸后仍未将其出售。

1669 年 路易十四得到这颗钻石。他最终死于坏疽。

1830 年 亨利·霍普买下这颗钻石后屡遭诅咒，随后很快将它卖掉。

1918 年 麦克林家族拥有这颗钻石后，族长和他的两位女儿先后去世。

原始切割

由于含杂质硼元素，这颗钻石呈最纯的蓝色。氮元素同样影响到其颜色，为钻石添加了一些黄色的阴影。

伊芙琳·沃尔什·麦克莱恩

530 克拉

库利南 1 号重 530 克拉，是原库利南钻石中最大的一块。紧随其后的是重 317 克拉的库利南 2 号，它被安放在皇室的王冠中。

最终切割形态

最常见的矿物

硅酸盐占据了地壳总量的 95%，是含量最丰富的矿物。1 个硅原子与 4 个氧原子连接构成其四面体结构，这些结构单元结合产生几种类型的形态，从独立的四面体到双链结构，再到层状和三维复杂结构。它们的颜色可深可浅，前者的化学结构中含有铁和镁。

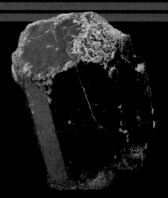

斜辉石

结构

硅酸盐的基本结构单元由位于四面体顶点的 4 个氧离子围绕着 1 个硅原子形成。四面体可以共用氧离子来形成单链、层状或复杂三维结构。其结构形态也决定了硅酸盐矿物的解理或断口特征，例如层状结构的云母剥落成平整的薄片，而石英破裂时则会出现断口。

简单结构

所有硅酸盐都具有相同的基本构成：硅氧四面体。这个结构由 4 个氧原子围绕着 1 个更小的硅原子构成。这个硅氧四面体不与其他四面体结合，保留了其简单结构。

未结合的硅酸盐

此类结构包含了所有由独立的硅氧四面体形成的硅酸盐，例如橄榄石。

氧
硅

复杂结构

当四面体中有 3 个氧原子与相邻的四面体共用，延伸形成薄片时，就形成了这种结构。由于强键位于硅氧之间，剥落会沿着其他化学键的方向，平行于薄片层发生。此类结构有几种典型的例子，其中最常见的是云母和黏土。后者能在层间保持水分，因而其大小随着含水量的变化而发生波动。

链状

黏土是由非常细小的颗粒组成的复杂矿物，具有层状结构。

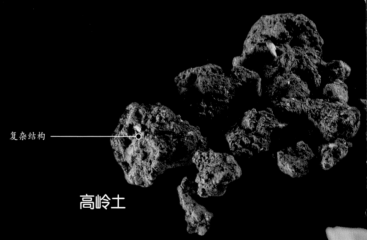

复杂结构

高岭土

橄榄石

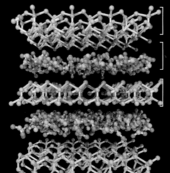

硅酸盐分子

水分子

硅酸盐分子

三维结构

地壳的 3/4 都由具有三维复杂结构的硅酸盐矿物组成。硅石、长石、似长石、方柱石、沸石等都为此结构。其主要特征是四面体中所有的氧原子都与相邻四面体共用，形成结构一致的三维网络。石英属于硅石类。

三维结构

仅由硅和氧组成的石英却具有复杂的三维结构。

侧视图

俯视图

矿物组合

深色硅酸盐
铁和镁

例如：黑云母

此类矿物的颜色和密度由铁和镁离子的出现所导致。作为镁铁矿物，黑云母的比重在 3.2 到 3.6 之间。

浅色硅酸盐
镁

例如：滑石

此类矿物包含数量不定的钙、铝、钠和钾。其平均比重为 2.7，远低于镁铁矿物。

成分中含铁。

Fe

成分中含钙。

Ca

产生的形状

石英晶体为六面体，其 6 个面汇合成 1 个尖形（角锥）。

大型晶体

要形成大型石英晶体，需要大量的硅、氧，还有足够长的时间和宽敞的空间。

非硅酸盐矿物

地壳中，相比于硅酸盐，硫、氧化物、硫酸盐、单质、碳酸盐、氢氧化物和磷酸盐含量更低。它们只占了矿物种类的8%，但在经济上具有重要作用。它们也是岩石的重要成分。自古至今，一些矿物因使用价值或单纯的外观而受到欢迎。其余非硅酸盐矿物的潜在工业价值仍在研究中。

少见以纯态存在

▶ 地壳中发现的天然化学元素很少以纯单质的形式出现。通常，它们需要在化工过程中被提取，从而与其他矿物分离。但在岩石中，纯单质偶尔会出现。例如，钻石就是纯碳元素。

自然元素

除了碳结晶形成的矿物，如金刚石和石墨，铜、金、硫、银和铂等都是人类发现的自然元素。

联系

绿色代表硫酸铜的形成。

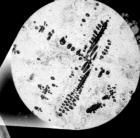

树枝状结晶

铜凝固、结晶形成树枝状。

黄铜矿的形成

有铁、铜和硫存在。

铜

3 厘米

铜能够到达很高的纯度。

磁铁矿

氧化物

金属元素与氧原子结合。钛铁矿、赤铁矿和铬铁矿分别是用来提取钛、铁、铬的矿石。红宝石和蓝宝石是从刚玉中提取的。

褐铁矿

氢氧化物

此类呈碱性的矿物通过氧与水的结合形成。因为呈红色，褐铁矿常用于制造色素。铝土矿则是最常见的氢氧化物之一，它们用于提取铝这种使用范围越来越广的金属。

磷灰石

磷酸盐

用作肥料的磷灰石和半宝石绿松石都是磷酸盐矿物。1个磷原子与4个氧原子结合，构成了此类矿物的复杂结构。这些离子又与其他元素的复合离子结合。

合金与化合物

与硅酸盐一样，我们很难找到只由一种非硅酸盐元素构成的岩石。金属与非金属元素倾向于结合形成化合物和合金。从化学角度上，即使是冰，也是由氢和氧原子组成的化合物。一些化合物被人们当成矿物，表明它们的组成元素值得被开采。例如，纯铝从铝土矿中获得。另一些化合物矿物则是因其特殊的性质而被使用，这些性质可能与其单个组成元素差别很大，例如磁铁矿（一种铁氧化物）。

孔雀石

碳酸盐

碳酸盐的结构比硅酸盐更简单，此类矿物由一个阴离子和一个阳离子结合而成。碳酸钙（方解石、石灰岩的主要成分）和碳酸镁钙（白云石）是最常见的碳酸盐。

萤石

卤化物

卤化物是二元化合物，如食盐（氯化钠）。卤化物用途广泛：萤石可用于工业制钢，钾盐（氯化钾）可用作肥料。

石膏簇

硫化物

硫化物见于金属矿石中，常见的硫化物有黄铁矿（铁）、黄铜矿（铁和铜）、辉银矿（银）、辰砂（汞）、方铅矿（铅）和闪锌矿（锌）。

结壳于岩石上

这里的晶体在板岩（一种变质岩）上结晶。

硫酸盐

石膏广泛应用于建筑中。它是一种硫酸钙，形成于海中，其结构中包含水分。脱离水分后，硫酸钙会形成另一种矿物——硬石膏，也常常应用于工程施工中。重晶石也是一种硫酸钙，金属钡就是从中提取出来的。

1毫米

黄铁矿

黄铁矿的结构

晶体立方体的构型由铁原子和硫原子形成。

地层与岩石的转换

自然之力创造了让人惊叹的不同地表景观，其中包括沙漠、海滩、高峰、沟壑、峡谷和洞穴。正如图中的这个洞穴一样，它吸引着我们探索洞穴深处的秘密。同时，在高温高压下，岩石也会发生改变。火山岩可变成沉积岩，之后也可能会变成变质岩。有很多专业人士甚至会跨越不同的阻碍，探索

地下世界

在美国亚拉巴马州的"永不沉没之坑"中，灰岩矿洞展现出了在地球上少有的别致景象。

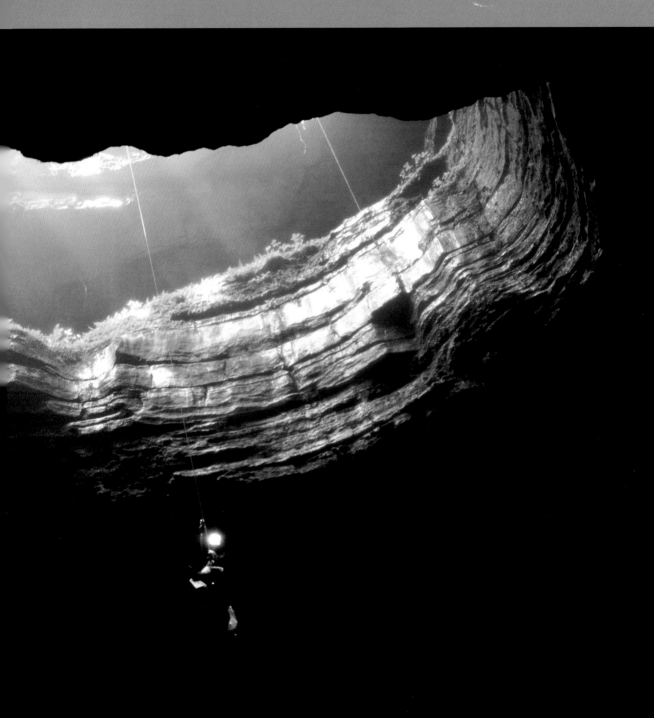

地球的深处，抵达环境险恶的地带，探寻一些珍稀材料的信息，比如金和银。同时，他们也会探索地下的化石，从而研究地史时期中的生命特征和环境特征。

火之子——岩浆岩

来自地幔的岩浆上升、冷凝固结，形成火成岩，即岩浆岩。岩浆喷出地面时称作熔岩，熔岩在地表迅速冷凝成岩，这样形成的岩石称作喷出岩，例如玄武岩和流纹岩；岩浆侵入地下洞穴或岩层间的缝隙，并缓慢冷凝后，就形成了另一类火成岩：侵入岩，例如辉长岩和花岗岩。与喷出岩相比，侵入岩通常晶体颗粒更大、密度更小，它们以岩墙、岩床、岩基等状态被深埋于地下。地壳中绝大多数岩石是火成岩。

复杂的过程

地壳最厚可达 70 千米。在这以下，岩石处于熔融或部分熔融的状态，称为岩浆。它们上涌穿过地壳，通过岩石裂缝、孔洞或火山打开通向地表的通道。岩浆的冷凝可以发生在这一过程中的任一阶段，无论是在移动中还是静止时，在地壳中还是喷出地面后。不同的成岩过程加上不同的原始矿物组成，最终形成的岩浆岩也丰富多样。

形成于地下：深成岩

大部分岩浆都在经历了凝固过程之后，在地下以深成岩体的形式存在，这些岩石称作侵入岩或深成岩。岩浆侵入垂向的缝隙或断裂带，冷凝后形成的岩石产状称为岩墙；平行侵入沉积岩层之间形成的产状称为岩床；分布范围超过 100 平方千米的称为岩基。通常，侵入岩的结晶过程较慢，因此它们的矿物晶体颗粒较大。侵入岩的构造取决于凝固过程，岩浆凝固的速度快慢以及凝固过程中矿物的加入或丢失都会影响到最终的岩石形态。

花岗岩

花岗岩由长石和石英晶体构成，富含钙、钾和硅元素。

70% 硅含量

岩墙

岩石的构造取决于其形成过程。因此，与周围的岩石相比，岩浆侵入形成的岩墙因其较快的结晶速率而具有不同的构造和颜色。

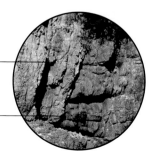

围岩

侵入岩

地壳
拥有坚硬的外层。

地幔
厚度达 2 900 千米。

地核
外核由固态的铁和熔融的镍组成。

火山碎屑
岩石碎屑和火山灰喷出，波及范围可达数公里。

主火山口

侧火山口

熔岩

1 200℃

这是地壳中岩浆的温度。

岩床
平行侵入泥和岩层之间。

岩浆室
平收来自地幔的岩浆物质。

岩浆

岩浆上涌
熔融状态下，岩石的密度低。

在地表：火山岩

　　火山岩也称作喷出岩，由岩浆通过火山活动来到地表后冷凝形成。岩浆在地表凝固速度较快，有些部分甚至因为凝固速度过快而来不及结晶，比如黑曜岩。岩浆喷发时的硅含量和溶解的气体决定了岩浆的黏性，黏性赋予了火山岩不同的结构，我们可以根据不同的结构给火山岩分类。流动性强的熔岩，例如玄武岩，可以覆盖很大一片地表，因为其外层凝固时内部仍可保持流动。

玄武岩
由流动性强的岩浆迅速冷凝形成。

50% 硅含量
硅含量取决于熔岩的类型。

火山灰丘
由火山碎屑组成。

岩盖
位于浅层的岩层之间。

岩墙
岩浆侵入垂向的裂缝形成岩墙。

台地
由富含硅的流纹岩熔岩构成。

分支岩盖

火山出露层

破火山口
被水覆盖的坍塌火山口。

被侵蚀的熔岩流

固态岩石

湖水

淤泥滩

1 400℃

200 千米深处岩浆的温度。

鲍温反应序列

　　在岩浆冷凝的过程中，不同矿物成分结晶析出的温度各不相同。钙和镁铁含量高的矿物首先结晶，形成深色的橄榄石、辉石等。而钠、钾、铝含量高的矿物则要等到低温时结晶，保留在岩浆中直到冷凝过程结束，这些矿物只在浅色岩石中出现。有时，可以在一块岩石中观察到鲍温反应序列不同阶段的产物。

岩株
岩株是比岩基小的深成岩体。

岩基
可由古岩浆室经数千年的凝固过程形成。

玛瑙岩

结晶的最后一层　　富含钠

岩浆冷却

结晶的第一层　　富含钙

雕刻成谷

优胜美地国家公园坐落于美国加利福尼亚州旧金山以东 320 千米处，这座国家公园因花岗岩峭壁、瀑布、晶莹的溪流和壮观的红杉林而闻名于世，占地面积达 3 081 平方千米，沿内华达山脉的东麓展开。这里每年能吸引超过 300 万名游客前来观光。

1.03 亿年前

酋长石

高达 1 000 米的花岗岩峭壁，是高山攀岩的圣地。

优胜美地

这座国家公园的平均海拔为 400-600 米。公园主体由花岗岩岩基组成，但 5% 的区域由火成岩或沉积岩经变质作用形成。在不同海拔、不同断裂系统中出现的侵蚀现象缔造了山谷、峡谷、山丘等多种地貌。由于花岗岩和变质岩中不同部分的硅含量存在差异，因此在断裂和节理间出现了巨大的间隙。

地貌形成过程

节理被侵蚀后产生了山谷和峡谷。在过去的数百万年间，冰川作用是最强大的侵蚀力，它们将河流产生的 V 形山谷转变成 U 形冰川山谷。

1 岩基的形成

在优胜美地，几乎所有岩石都由花岗岩构成，这些花岗岩属于原始岩基。

2 抬升

1 000 万年前，内华达山脉经历了一次构造抬升，岩基开始显现

3 侵蚀

100 万年前，冰川向下运动，将山谷塑造成 U 形。

花岗岩

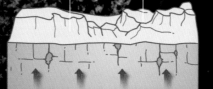

高地　　V 形斜坡

U 形峡谷　　冰川

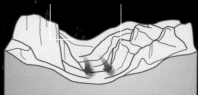

优胜美地
国家公园

美国

北纬 37 度
西经 119 度

位置	加利福尼亚
占地面积	3 081 平方千米
2005 年访客人数	3 800 383
开业时间	1890 年 9 月 25 日
管理者	国家公园管理局

瀑布

公园中的一些岩层为瀑布的产生提供了平台，尤其是每年 4-6 月上游的积雪消融之时。山谷中共有 9 条瀑布，其中 5 条高度超过 300 米。优胜美地瀑布高达 800 米，这是北美第一高瀑布，同时也是全球第三高。

1.03 亿年前

教堂岩

优胜美地主要的岩层之一，由致密、表面布满擦痕的花岗岩岩壁组成。

700 万年前

半圆顶

一块绝美的花岗巨石，高达 660 米。

188 米

新娘面纱瀑布

这条巨型瀑布形成于冰川在悬谷中消融的过程。

森林

公园中有包括 3 片巨杉林在内的很多树种。

岩石

致密的花岗岩形成大块岩基。

裂缝

侵蚀作用在岩石节理处产生裂缝。

持续变化

　　风、冰、水这些自然界的元素使地球的面貌发生了巨大的变化。剥蚀作用为岩石的形成提供了新的原材料，搬运作用则把它们运送到全新的地方。当这些物质沉积下来，被压实后，就能形成新的岩石。这就是人们最熟知的岩石类别：沉积岩。地球表面的70%都被沉积岩覆盖。通过观察在不同年代形成的沉积岩，科学家们可以判断出当时的气候和环境发生过怎样的改变。

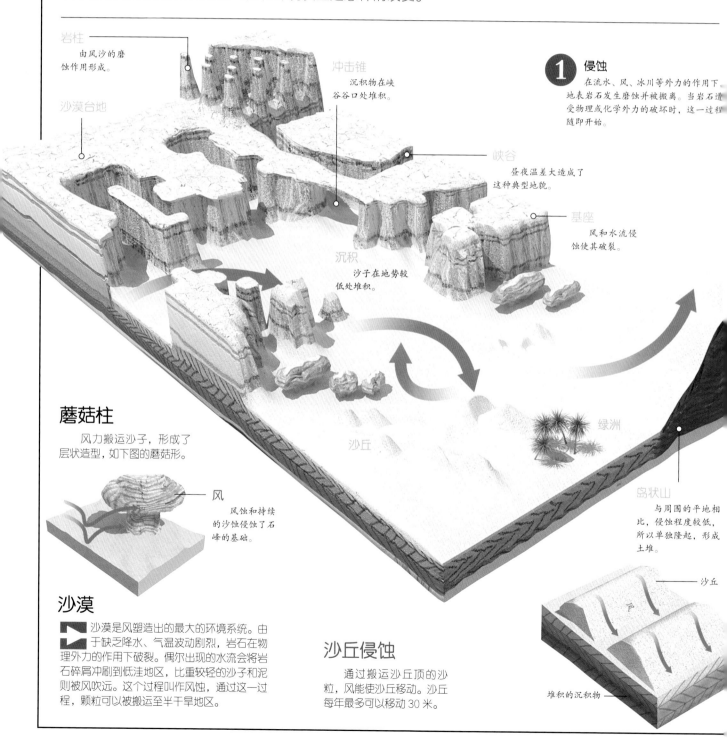

岩柱
由风沙的磨蚀作用形成。

沙漠台地

冲击锥
沉积物在峡谷谷口处堆积。

1 **侵蚀**
在流水、风、冰川等外力的作用下，地表岩石发生磨蚀并被搬离。当岩石遭受物理或化学外力的破坏时，这一过程随即开始。

峡谷
昼夜温差大造成了这种典型地貌。

基座
风和水流侵蚀使其破裂。

沉积
沙子在地势较低处堆积。

绿洲

沙丘

岛状山
与周围的平地相比，侵蚀程度较低，所以单独隆起，形成土堆。

蘑菇柱
风力搬运沙子，形成了层状造型，如下图的蘑菇形。

风
风蚀和持续的沙石侵蚀了石峰的基础。

沙漠
沙漠是风塑造出的最大的环境系统。由于缺乏降水、气温波动剧烈，岩石在物理外力的作用下破裂。偶尔出现的水流会将岩石碎屑冲刷到低洼地区，比重较轻的沙子和泥则被风吹远。这个过程叫作风蚀，通过这一过程，颗粒可以被搬运至半干旱地区。

沙丘侵蚀
通过搬运沙丘顶的沙粒，风能使沙丘移动。沙丘每年最多可以移动30米。

——沙丘

堆积的沉积物——

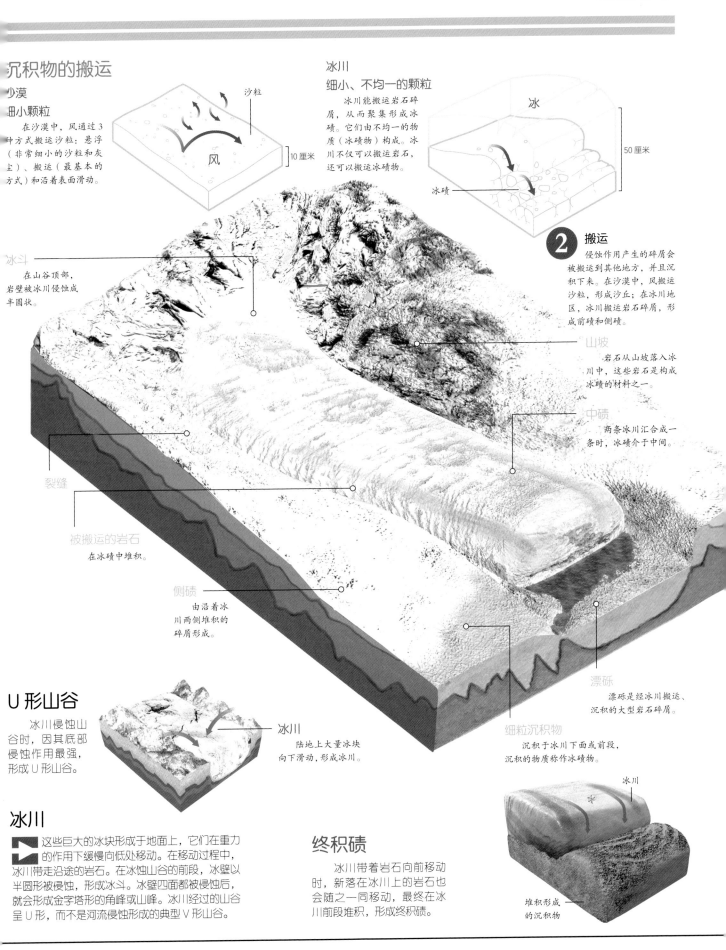

沉积物的搬运

沙漠

细小颗粒

在沙漠中，风通过3种方式搬运沙粒：悬浮（非常细小的沙粒和灰尘）、搬运（最基本的方式）和沿着表面滑动。

沙粒

风

10厘米

冰川

细小、不均一的颗粒

冰川能搬运岩石碎屑，从而聚集形成冰碛。它们由不均一的物质（冰碛物）构成。冰川不仅可以搬运岩石，还可以搬运冰碛物。

冰

50厘米

冰碛

❷ 搬运

侵蚀作用产生的碎屑会被搬运到其他地方，并且沉积下来。在沙漠中，风搬运沙粒，形成沙丘；在冰川地区，冰川搬运岩石碎屑，形成前碛和侧碛。

冰斗

在山谷顶部，岩壁被冰川侵蚀成半圆状。

山坡

岩石从山坡落入冰川中，这些岩石是构成冰碛的材料之一。

中碛

两条冰川汇合成一条时，冰碛介于中间。

裂缝

被搬运的岩石

在冰碛中堆积。

侧碛

由沿着冰川两侧堆积的碎屑形成。

漂砾

漂砾是经冰川搬运、沉积的大型岩石碎屑。

细粒沉积物

沉积于冰川下面或前段，沉积的物质称作冰碛物。

U形山谷

冰川侵蚀山谷时，因其底部侵蚀作用最强，形成U形山谷。

冰川

陆地上大量冰块向下滑动，形成冰川。

冰川

这些巨大的冰块形成于地面上，它们在重力的作用下缓慢向低处移动。在移动过程中，冰川带走沿途的岩石。在冰蚀山谷的前段，冰壁以半圆形被侵蚀，形成冰斗。冰壁四面都被侵蚀后，就会形成金字塔形的角峰或山峰。冰川经过的山谷呈U形，而不是河流侵蚀形成的典型V形山谷。

终积碛

冰川带着岩石向前移动时，新落在冰川上的岩石也会随之一同移动，最终在冰川前段堆积，形成终积碛。

冰川

堆积形成的沉积物

沉积物的搬运

河流长距离搬运

河流能将沉积物搬运到很远的地方去。河流发源于海拔较高的区域，向低处流淌后汇入海洋。加速流动的河水可以搬运更大的砾石；而动能降低时，只能携带较小的岩石。

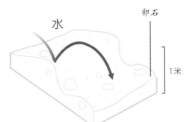

水

卵石

1米

海岸沉积

每次海浪过后，浪都会退到沙滩面以下，但是岸流搬运来的砂砾却会不断累积。沙砾也可通过河流搬运，它们在三角洲沉积下来。

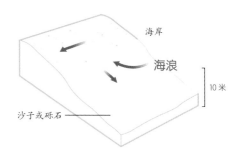

海岸

海浪

10米

沙子或砾石

瀑布

受侵蚀后，较软的岩石容易形成岩洞，水流会在岩石顶部破裂后，快速下落。

斜坡

河谷的坡度较陡，因为水流周围的岩石十分坚硬，不容易被侵蚀。

陡岸

这是侧蚀作用的产物。

③ 沉积

当搬运沉积物的水流失去动能时，沉积物就会呈层状堆积在广阔的区域中。

湍流

在这种地貌特征中，大量沉积物都是通过河流侵蚀搬运的。

曲流

曲流的外侧是沉积物最常堆积的地方。

V 形谷底的形成

与冰川形成的 U 形山谷不同，河流产生的谷底呈 V 字形。

冲积平原

冲击平原由沉积物构成。

河流

在接近河流源头的地方，河水流速快，将河床侵蚀成 V 形谷地。

沉积物堆积

河流

在接近源头的地方，河流从海拔较高的地区流过，向下游流淌时携有巨大的能量，因此能搬运大块砾石。在低海拔处，河水流动更平滑，形成曲流并发生侧向侵蚀。到达海岸时，河水中的沉积物堆积并形成入海口或三角洲。

三角洲的形成

沉积物在河口处堆积，形成三角洲。三角洲中有一些沙洲，河流经过时沿各个方向流动。

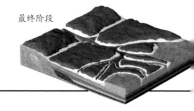

初始阶段

最终阶段

胶结过程

胶结过程是沉积物向岩石转变最重要的过程。颗粒与从水流中沉降的矿物结合，发生胶结作用。沉积岩由溶于水中的不同矿物结合形成。当水蒸发或冷却时，溶于水中的矿物会沉降，并与其他沉积物一起沉积，或是自己独立形成岩石，盐岩和砂岩就是胶结成岩的典型案例。

矿物沉积

随重量分离

沉积层

河口
河水冲破海岸线，将陆地沉积物引入海中。

沿岸平原
它常延于沙滩以内

4 压实
不同时期沉积下来的物质会给之前的沉积物施加向下的压力，从而使沉积物被压实。这是形成新的沉积岩非常重要的一步：固结作用和成岩作用。

海蚀平台
这是悬崖向后退的过程中产生的平坦表面。

岩洞
岩石磨蚀后形成洞穴。

河口
河口为沉积物的沉积提供了必要条件，大多是被淹没的河谷。

基岩

悬崖
由海浪侵蚀沿岸岩石的基底，使上部岩石垮塌后形成。

沉积物堆积
沿岸流搬运的沉积物多会沉积在此。

水下斜坡

沿着海岸，很容易观察到海浪的侵蚀作用。海浪侵蚀沿岸的岩石形成悬崖。随着侵蚀作用的发展，对基底的侵蚀使更高处的岩层向外突出，最终坍塌。悬崖向后退去，形成平坦的表面，这个表面就叫海蚀平台。

沉积层
经过成岩作用的岩石以层状排列。

海岸

由于沿岸流的作用，海岸形状多变。风、雨、海浪建造了海岸，同时这些元素也在侵蚀、塑造着海岸。因此，将沉积物带到海滩上的海浪也正是将悬崖或岩洞冲垮的那股海浪。被冲垮后残留的沉积物与其他从河流和三角洲带来的沉积物一起，在碰撞磨蚀后共同构成了新的海滩和海滩上的沙砾。

海滩的形成

沉积物在低能量的海岸地区逐步堆积，形成海滩。海滩可由细粒沉积物形成，如泥和沙；也可包含较大的物质，如砾石。

海浪

累积沉积物

黑暗深处

溶洞的形成离不开水：水中的离子长期作用于可溶性（如白垩质）岩石，形成最早的中空溶洞。溶洞内有 3 种结构：钟乳石（呈圆锥形，悬挂于溶洞顶部）、石笋（从溶洞地面长出）和石柱（钟乳石和石笋连接时形成的结构）。溶洞形成的循环过程称作喀斯特循环，这一过程持续约 100 万年。因此，年轻的溶洞地下水流活跃，我们能听到喧嚣的水流和瀑布声；而古老的溶洞则是由钟乳石、石笋和石柱构成的寂静奇观。

喀斯特循环

➡ 水通过碳酸的腐蚀作用将含钙量高的岩石溶解，构成沟渠和地下通道网络。最初的裂缝不仅通过这一过程变宽，而且在卵石与其他不溶性物质摩擦的机械过程中变大。水滴渗入下层，出口通道水平逐层排列，由联通各层的垂向通道将其分割开。

平地
裂缝
透水的灰岩
不透水的岩层

1 洞穴层次的构造
地面的原始构造是透水的灰岩，灰岩中有裂隙，河水和雨水能从中渗入，侵蚀过程从此开始。

水渗滤

2 最初的洞穴
水沿着地形等高线形成地下河，最初的方解石或碳酸钙以钟乳石的形状开始沉积。

隧道
地下层序
方解石沉积

岩溶坑
拱顶

干涸的通道
隧道
洞穴

3 延伸的洞穴系统
几个隧道连接在一起，形成延伸的洞穴系统。有时土壤表面开始下沉，就形成了岩溶坑。如果岩洞的延伸低于地下水位，就形成隧道。

石柱
钟乳石和石笋连接到一起时就形成了石柱。

39 米
这是世界上最高的石柱的高度。

石笋
溶有碳酸钙的水滴滴落，形成石笋。

30 米
这是世界上最高的石笋的高度。

钟乳石的形成

➡️ 灰岩几乎完全由碳酸钙构成，因此可以在天然的酸性水中溶解。雨水从空气中吸收二氧化碳，呈弱酸性，同时也会从地表带走一些微生物。当雨水渗入裂缝，能够逐年溶解灰岩。当水滴入洞穴，水中的二氧化碳释放至空气中，水中剩余的钙就保留在钟乳石和石笋中，从而保持化学平衡。钟乳石是化学沉积岩的典型代表。

18℃

碳酸盐沉降的理想温度。

水滴 ————

1 水滴

每一块钟乳石都起源于一滴溶有碳酸钙的水滴。

2 方解石

水滴落下时，后方会留下一条狭窄的方解石痕迹。

3 逐层堆积

每一滴滴落的水珠都沉积在另一个方解石层上。

4 内部管道

各层间形成一条狭窄的管道（0.5毫米），水可以通过管道渗出。

5 钟乳石

钟乳石也可以在天花板或水泥地上形成，但其速率远慢于富含碳酸盐的天然洞穴环境。

7米

这是世界上最长的钟乳石的长度。

刚果岩洞
南非

南纬33度
东经18度

长度	5.3千米
深度	60米
位置	开普敦东部

其他构造

➡️ 流动的地下河可以形成两种地形：峡谷和隧道。高于地下水位的地下河和瀑布侵蚀、溶解灰岩，并通过沉积物磨蚀岩层，最终形成峡谷。在水位以下，洞穴充满移动速度很慢的水，它们可以溶解碳酸盐的岩壁、地面和顶部，形成隧道。

刚果岩洞

位于奥茨胡恩高地，处于前寒武纪形成的狭长灰岩条带中。刚果岩洞因其大量方解石沉积而闻名。其由地下水位以下更大的通道干涸而成，当附近的山谷被磨蚀得更低时，通道随即干涸，钟乳石景观由此出现。

岩石告诉我们

沉积物逐层累积，形成岩层。有时，这些沉积物中埋藏了生物的遗体，其中一些幸运儿随后变成化石，为我们了解过去的环境和史前生物提供了关键的资料。通过对地层和其所含化石进行多种手段的研究，科学家们为我们揭开了岩石的地质年龄和它们经历的演化过程。

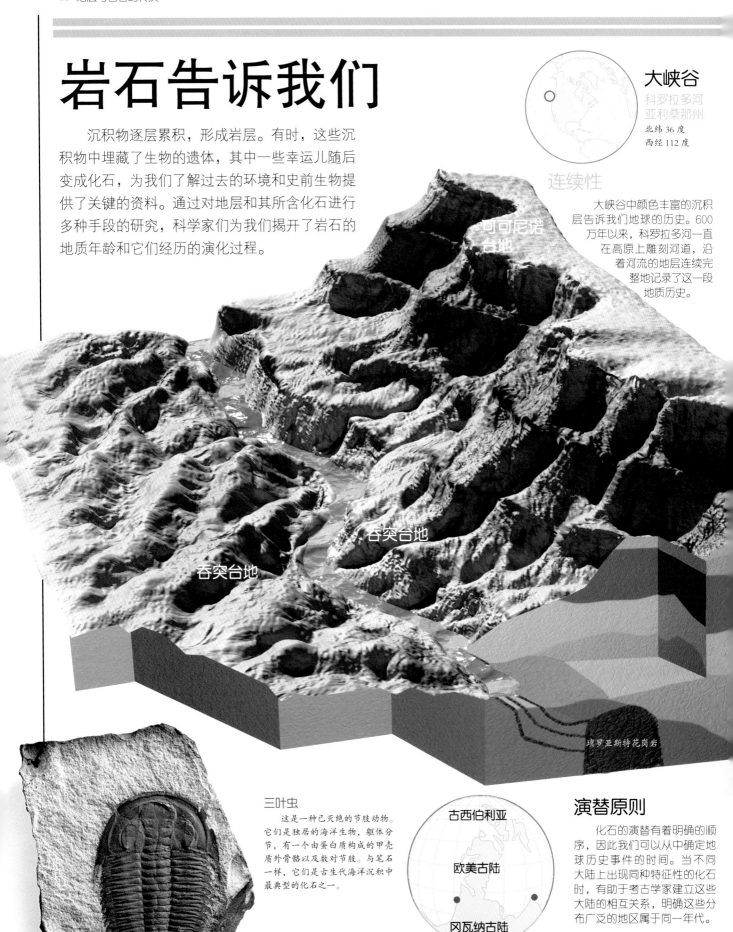

大峡谷
科罗拉多河
亚利桑那州

北纬 36 度
西经 112 度

连续性

大峡谷中颜色丰富的沉积层告诉我们地球的历史。600万年以来，科罗拉多河一直在高原上雕刻河道，沿着河流的地层连续完整地记录了这一段地质历史。

可可尼诺台地

吞突台地

吞突台地

琐罗亚斯特花岗岩

三叶虫

这是一种已灭绝的节肢动物。它们是独居的海洋生物，躯体分节，有一个由蛋白质构成的甲壳质外骨骼以及数对节肢。与笔石一样，它们是古生代海洋沉积中最典型的化石之一。

古西伯利亚

欧美古陆

冈瓦纳古陆

演替原则

化石的演替有着明确的顺序，因此我们可以从中确定地球历史事件的时间。当不同大陆上出现同种特征性的化石时，有助于考古学家建立这些大陆的相互关系，明确这些分布广泛的地区属于同一年代。

化石的年龄

化石是过去的生物死亡后留下的遗迹。科学家们可以通过碳-14定年等手段推断化石的年代。碳-14定年可以精确测出早于6万年前的有机残余物的年代。对于更久远的化石，科学家们也有其他的测年手段。但事实上，在一个已知区域内，通过化石在岩层中所处的位置，科学家们就能简易地判断出其相对年代。根据初始水平和演替的原理，就有可能判断出生物生存的年代。

1. 动物死亡时被埋藏在河床中，从而避免被氧化。动物躯体开始分解。

2. 骨骼完全被沉积物覆盖，新的沉积层逐渐出现，将较早的层埋藏。

在化石作用的过程中，初始组织的分子被使其产生石化作用的矿物精确地替代了。

3. 河流干涸时，化石已经形成并结晶。板块运动将地层抬升，化石被带到地表。

4. 侵蚀作用将化石暴露出来，通过碳-14定年，科学家可以判断其年龄是否大于6万年。

岩石层和时间通道

岩层在时间测定中起到关键作用，因为它们保留了地质历史、过去的生命形态、气候等丰富的信息。初始水平的原则表明，沉积层水平于地表沉积，通过两个水平连续的平面加以划分。如果岩层出现褶皱或弯曲，说明其在地质过程中发生变形，这些断裂称为不整合。如果地层间的连续性被打断，表明有一段时间间隔，下方的岩层被侵蚀。这也被称为不整合，因为水平沉积原则被打破。

纪
二叠纪
可可尼诺砂岩
赫密特页岩
石炭纪
木威石灰岩
快乐天使页岩
泥盆纪
寒武纪
前寒武纪

速派岩群

似整合

红壁灰岩

140米

假整合

吞突岩群

310米

角度不整合

不整合

毗湿奴片岩

毗湿奴片岩

科罗拉多河

时间间隙

吞突岩群和红壁灰岩之间的不整合表明这里存在时间间隙。而红壁灰岩与速派岩群间时间连续。

变质过程

在一定条件下（如高温高压、接触含可溶性化学物质的流体），岩石的矿物成分和构造可以发生显著改变。这种缓慢的过程叫作变质作用，是真正的岩石转变。这一现象出现在地壳内部或地表。变质作用的类型取决于诱发这一过程的能量的性质，这种能量可以是热量或压力。

苏格兰，英国

北纬 57 度
西经 4 度

苏格兰在 4 亿年前的加里东造山运动中抬升，这一过程的压力产生了大图中的片麻岩。

动力变质作用

动力变质作用是最罕见的变质作用类型。地壳沿着断层系统大规模运动时压缩岩石，发生动力变质作用。巨大的岩块楔入其他岩石。在接触发生的地方，新的变质岩（碎裂岩或糜棱岩）就产生了。

片岩

2

板岩
在高温高压环境下，板岩转变为千枚岩

300℃
板岩

在约 200℃时，低级变质作用发生，岩石变得更紧致，岩石密度增加。

500℃
片岩

在中等温度和超过 10 千米的深度下，变质作用形成薄片状的岩石。矿物发生了重结晶。

650℃
片麻岩

形成于超过 20 千米深处的高级变质作用，岩石受到非常强的构造力作用，温度接近岩石的熔点。

800℃
熔化

在这个温度下，大部分岩石开始熔融转变成液态。

区域变质作用

▶ 随着山体形成，大量岩石发生变形和转化。埋藏在地表附近的岩石沉降至深处，遭受高温高压的改变。这种变质作用能蔓延数千平方千米，根据温压条件进行分类。板岩就是这一过程的产物。

接触变质作用

▶ 岩浆岩能传递热量，因此岩浆可以通过接触加热岩石。这些位于岩浆侵入体或熔岩流周围的受影响区域称作接触变质带。其大小取决于侵入体以及岩浆的温度。围岩中的矿物发生转变，岩石发生变质作用。

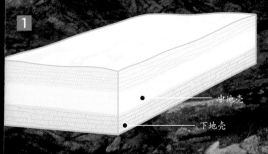

1

中地壳

下地壳

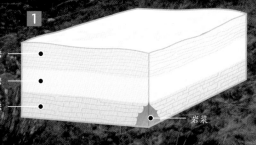

1

砂岩

片岩

灰岩

岩浆

2

石英岩

角页岩

大理石

岩浆

压力

随着岩石承受的压力增高，其矿物结构发生重组，体积减小。

温度

越接近热源，岩石的温度越高，发生的变质作用等级也越高。

土壤——生命的基础

出生、生长、繁衍、死亡，生命的过程都发生在自然形成的土壤层上。在土壤层上，人们收获庄稼、饲养牲畜、获取建筑材料，这个星球上的生命与矿物的纽带就建立于此。通过气候与生物的作用，岩石破碎后被分解成土壤。

300 年

这是天然形成含有3个基本层的土壤所需的时间。

土壤的类型

受到空气、水、生物以及被分解的有机质的多重作用，土壤结构与基岩相比发生了巨大的变化。多次物理、化学转变过程使土壤分为不同的类型，例如一些土壤富含腐殖质，而另一些的黏土含量更高。土壤的基本结构很大程度上取决于形成土壤的基岩类型。

薄层土

在经受轻微变化的基岩顶部发育而成，是高山的典型土壤，尤其是在花岗岩和其他酸性岩石上形成。

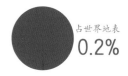

占世界地表
0.2%

永冻层

位于靠近极地的区域

土壤中冻结的水含量达饱和状态。永冻层融化的地区形成巨大的水坑。因其特殊性，很多动物无法在此生存。

占世界地表的
20%

荒漠土

土壤贫瘠

腐殖质含量极低，直接位于矿物和岩石碎屑之上。

占世界地表的
14%

红土带

典型的热带土壤

几乎不含腐殖质，直接裸露在矿床和岩石碎片上。

占世界地表的
10%

它们是怎么形成的

大部分地壳上覆盖着一层沉积物和分解的有机物，也就是土壤。除了陡坡，土壤几乎覆盖了所有地带。尽管土壤由被分解的动植物遗骸产生，但它是一个充满生机、不断变化的系统。土壤中细微的孔洞中充满了水和空气，这里是数千种细菌、藻类和真菌的乐园。这些微生物加速了有机物的分解过程，使扎根于此的植物根系和包括昆虫在内的小动物从中获益。

1 冰川拖动沉积物。

2 裸岩和砾石停留在原处。

3 苔藓和灌木生长。

4 小型树木扎根。

5 动植物死后使土壤肥沃。

冰川作用后历经的年份。

0   50   100   150   200   250   300

不同的特征

▶ 通过对土壤剖面的观察，我们可以区分不同的层。每一层都具有不同的特性，因此确认土壤层对于研究、描述土壤具有重要作用。表层土壤有机质丰富，其下方是底土，营养元素在这里聚集，一些树根贯穿于此。再下方是由岩石和卵石构成的岩层。

土壤中的生物

▶ 土壤中生活着很多细菌和真菌，其生物量超过所有在地表生活的动物总和。藻类（主要是硅藻）生活在阳光充沛的地表附近。在这里还可以找到螨虫、跳虫、昆虫幼虫、蚯蚓等。蚯蚓挖掘地道，有利于植物根系的生长。其粪便能保持水分，并含有大量营养物质。

蚯蚓
产生 1 350 克腐殖质需动用约 6 000 条蚯蚓。

腐殖质

由有机物构成，通常存在于上层土壤中。腐殖质主要通过微生物分解落地的枝叶和动物粪便形成。由于碳含量高，这种高度肥沃的土壤颜色较深。

岩石循环

▶ 一些岩石通过岩石循环形成土壤。在侵蚀介质的作用下，地壳中的岩石具有各自特征性的外形，这些外形一方面源自岩石自身成分，另一方面由侵蚀介质（包括气候和生物）的几种效应产生。

上层土壤
颜色较深，营养丰富，植物与动物残留物形成的腐殖质和树根组成网络。

底土
包含很多来自基岩的矿物颗粒，由复合的腐殖质形成。

— 0
— 1 米
— 2 米
— 3 米

基岩
基岩的持续破碎、侵蚀有助于增加土壤厚度。土壤的结构很大程度上取决于基岩的类型。

灰尘和火山灰云被释放至大气中。

火山向空中喷射熔岩和火山碎屑。

熔岩冷凝形成喷出岩。

火山灰和其他火山碎屑呈层状沉积。

侵蚀

火成岩
熔岩冷凝形成喷出岩。

一些沉积岩和变质岩被侵蚀，形成新的土层。

这些沉积层压实、变硬。

岩浆升至地表，通过火山喷发形成熔岩。

沉积岩

岩浆在地下冷凝，形成深成岩。

高温和高压能使岩石在不熔融的状态下重结晶，转变成另一种岩石。

变质岩

岩石熔融形成岩浆。

如果温度足够高，岩石可以再次转变成岩浆。

火成岩

神圣的崇拜

一些数百万年前形成的岩石被人类赋予了神灵的含义。无论哪个教派，都会或多或少将其部分信仰依附在一些与岩石有关的神话上。其中最有名的包括乌卢鲁巨石（艾尔斯岩），位于立方形朝圣建筑克尔白内的麦加黑石，以及伊克斯坦岩石，这些岩石的所在地往往是某种宗教的圣地。它们的起源在神学和地质学中都有研究、描述。在时间的长河中，这些岩石成为神话的标志，流传至今。

乌卢鲁，卡塔丘塔国家公园
澳大利亚

南纬 25 度
东经 131 度

体积巨大、呈红色的乌卢鲁巨石形成于 4 亿年前的艾丽斯斯普林斯造山运动。构成古冲积扇的砂岩和砾岩发生褶皱、断裂，在尾端形成水平的岩层。

30 米

这是伊克斯坦岩石的高度。其由 5 块灰岩石柱组成。岩柱上的洞穴、通道和暗室具有神秘色彩。

伊克斯坦

由扭曲古怪的灰岩组成。伊克斯坦位于德国莱茵河北部的条顿堡森林，很多英雄神话和德国传说发生于此。这里与斯堪的纳维亚诗集《埃达》以及雅利安神话同样有关联。人们认为这些巨石是巨人在夜间搬运而成的，随后它们被恶魔焚烧，形成千奇百怪的形状。

信仰

对澳洲原住民而言，岩石上每一道裂隙、每一个隆起或每一条刻沟都有意义。例如，岩石的孔洞代表了死去的恶魔的眼睛。

乌卢鲁

数千年来，乌卢鲁巨石一直是澳洲原住民的圣地。巨石周长 9 500 米，从澳洲沙漠中隆起 340 米。1872 年，高加索人发现了这块巨石。为了纪念澳大利亚总理亨利·艾尔斯，巨石被重新命名为艾尔斯岩。在这块巨大的砂岩上，澳洲原住民幻想出数十条路径，与他们的祖先曾经走过的路径通过传说汇聚到一起。通过这种方式，所有圣地都被联系到一起。岩石上绘有包括昆尼亚妇女、头部受伤的勇士利卢在内的多种图案。

岩洞壁画

乌卢鲁巨石上藏有澳洲原住民历史的代表性特征，在岩石底部的洞穴中有一些原住民画作，描绘了梦幻时代的路径和界线。洞穴中的很多壁画被看作是神圣的起源。

伊斯兰传统

经济条件许可的穆斯林一生中至少要去一次麦加。

克尔白的麦加黑石

克尔白是位于麦加的一座立方形建筑，黑石正位于克尔白的角落中，它是伊斯兰世界神圣的宝物。黑石的外表面尺寸为 16 厘米 × 20 厘米，一个镶着银边的框架将石块聚拢在一起。

岩石的种类

岩石的类型可以根据其光泽度、密度、硬度及其他属性来加以区分。晶球的外表看上去与普通岩石并无差别，但是一旦被切开，就会露出里面各种各样的色彩与形状。岩石也可以按照形成方式分为火成岩、变质岩和沉积岩。岩石所蕴含的矿物成分决定了它们的主要特征。还有一种有机岩，它

美丽而奇异

晶洞内部常会呈现出美丽的构造，它本身是一种充满了美丽的晶体的岩石。

们是由百万年前的生物体的残骸分解沉积形成的。煤炭、一些碳酸盐岩和硅质岩都属于有机岩。

岩石的鉴别

根据形成方式，岩石分为火成岩、变质岩和沉积岩 3 大类，构成岩石的矿物决定了其特性。基于这一点，我们可以知道岩石的颜色、质地和晶体结构是如何产生的。掌握少许相关知识，我们也能鉴别一些常见的岩石。

外形

岩石的最终外形很大程度上取决于其抵抗外力的能力。冷凝过程和随后的侵蚀过程也会影响岩石的形成。尽管岩石在上述后期过程中发生了改变，但我们仍能根据外形追溯岩石的历史。

棱角

未经磨蚀的岩石呈这种形状。

年龄

精确判定岩石的年龄在地质学研究中具有重要作用。

磨圆

侵蚀、搬运过程造成的磨损使岩石具有光滑的外形。

矿物成分

岩石是由至少两种矿物天然形成的混合物。根据矿物学组成的不同，岩石的性质各不相同。例如，花岗岩由石英、长石和云母组成，其中任意一种成分的缺失都将形成不同的岩石。

颜色

▷ 岩石的颜色取决于构成岩石的矿物的颜色。一些岩石的颜色由其主要成分形成，而另一些则形成于岩石所含的杂质。例如，大理石含有杂质时会形成不同的花纹。

白色

由纯方解石或白云石构成的岩石通常呈白色。

黑色

不同成分的杂质形成了大理石中不同的花纹。

1厘米

裂隙

▷ 岩石破裂时，其表面出现裂隙。如果裂隙发展成脱落的平面，称之为叶状剥落。岩石的破裂通常发生在矿物结构发生变化的地方。

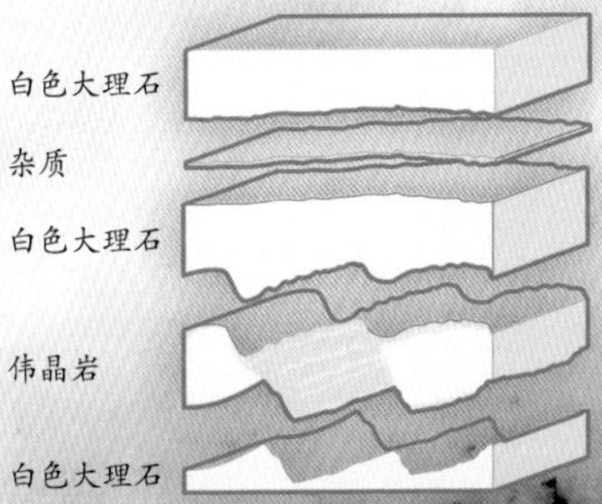

白色大理石
杂质
白色大理石
伟晶岩
白色大理石

结构

▷ 岩石的结构是指构成岩石的颗粒的大小和排列。颗粒可粗大可细微，甚至肉眼难以察觉。还有一些岩石（如砾岩），其颗粒由其他岩石的碎片形成。如果这些碎片磨圆度高，其构成的岩石压实作用有限，因而疏松多孔。在沉积岩中，如果胶结物为主要成分，其颗粒更加细小。

1厘米

颗粒

是岩石（独立组成单元）的大小，它们可以是晶体，也可以是其他岩石的碎片。岩石的颗粒既可粗大也可细小。

晶体

熔融的岩石冷却时，其化学元素自发组织形成晶体。矿物就以晶体的形状呈现。

火成岩

　　火成岩由岩浆或熔岩形成，可根据其成分进行分类。其分类需考虑的因素包括：矿物中硅、镁、铁的相对含量，岩石颗粒大小（反映了其冷却速率）和颜色。含硅量高的岩石包含大量石英和长石，它们的颜色通常较浅；含硅量低的岩石由于含有镁铁矿物（如橄榄石、辉石、角闪石）而呈深色。火成岩的结构由其晶体颗粒的排列方式决定。

地下：深成岩或侵入岩

此类岩石由岩浆在地下深处的其他岩石间固结形成。它们通常在地壳中经历着缓慢的冷凝过程，纯净的矿物晶体可以生长到肉眼可见的大小。通常，它们结构紧致、孔隙度较低。根据岩浆的成分，此类岩石分为含硅量高的酸性岩和含硅量低的基性岩。花岗岩是最常见的侵入岩。

—— 粉色花岗岩的放大照片

花岗岩

　　此类岩石由大颗粒的长石、石英和云母构成。这些浅色成分表明含硅量高，岩石呈酸性。由于抗磨损能力强，花岗岩常被用作建筑材料。

辉长岩

　　此类岩石含橄榄石、辉石、斜辉石等镁铁矿物，它们形成了深色的结晶；而长石则使岩石的部分部位显白色。辉长岩的冷凝过程通常很慢，因此具有大颗粒。

1.6 千米

形成花岗岩的最小深度。

花岗闪长岩的放大照片 ——

橄榄岩

　　此类岩石的主要成分是橄榄石和辉石，前者使其呈绿色。它们的硅含量不足 45%，富含一种轻质金属：镁。作为古老地壳的残留物，橄榄岩在约 60 千米深处的上地幔含量丰富。

花岗闪长岩

　　此类岩石常与花岗岩混淆，但由于更高的石英和斜长石晶体含量，其颜色更灰暗。其颗粒较大，包含的深色晶体称作结核。

岩墙和岩床：形成于缝隙的岩石

一些火成岩由上升的岩浆在岩石缝隙中冷凝形成，其造成的席状岩体呈垂直方向的称作岩墙，水平方向的称作岩床。这些岩石的成分与侵入岩和喷出岩相似。事实上，与岩墙和岩床类似，侵入岩和喷出岩亦可形成于裂缝中，但岩墙和岩床中矿物的凝固方式造成了其与火山岩和侵入岩不同的晶体结构。

—— 伟晶岩表面光滑

伟晶岩

这类常见的酸性岩石矿物成分与花岗岩一致，但其凝固过程非常缓慢，因此其晶体可以生长到数十厘米长。

—— 玻璃质连接形成的晶体

斑岩

此类岩石的凝固过程分两个阶段。第一阶段较慢，大型斑晶形成。在第二阶段，斑晶被岩浆拖动，形成较小的玻璃质晶体。斑岩得名于紫色的外形。

线索

伟晶岩与宝石和稀有金属的出现有关。

喷出岩，火山的产物

喷出岩形成于地表或地表附近岩浆的快速冷凝。其结构和成分与形成地区的火山活动紧密相关。这些形成于快速冷凝过程的岩石晶体十分细小。它们从火山中喷出后，在冷凝前没有足够的时间形成结晶，因此具有玻璃质的结构。

玄武岩

玄武岩是洋壳的主要成分。较低的硅含量使其呈特征性的深色（介于蓝色和黑色之间）。快速冷凝过程导致其晶体细小。由于其高硬度，玄武岩常被用于造路工程，但由于光滑的特性，它们并不能作为铺路石使用。

浮石

这类岩石产生于硅和气体含量高的熔岩，因此具有泡沫状的结构。这就是浮石在快速凝固过程中形成多孔结构的原因。多孔的浮石能在水面上漂浮。

几何棱柱

这些棱柱位于北爱尔兰的巨人堤。玄武岩熔岩流在逐渐结晶的过程中压缩、膨胀、破裂，形成这种构造。

六角形

这是玄武岩结晶形成的最常见的形状。

黑曜岩

这些岩石呈黑色，根据所含杂质不同，其暗度有所不同。其形成经历了快速冷凝，因此呈非晶质，具有玻璃质结构。正因如此，黑曜岩常被称作火山玻璃。严格意义上说，黑曜岩是一种准矿物。它们常被用于制作箭头。

海洋沉积物

沉积岩可以通过有机质遗骸的堆积和成岩作用形成。最常见的沉积岩是珊瑚礁，它们大量分布于温度适宜的海岸地带。很多灰岩也通过这种方式形成，它们由碳酸钙（方解石）或含钙、镁的白云石组成。由于多孔的特性，它们常常成为来源于有机物的化石燃料的储藏室。其他一些沉积岩，如贝壳灰岩，由海洋生物贝壳碎片堆积形成。在漫长的成岩过程中，其他材料将贝壳间的空隙填充并胶结。

20℃
珊瑚礁生长所需的最低海水温度。

从沉积物到岩石

上覆沉积层的压力使沉积物被压实，发生岩化作用，体积减小40%。溶解于水中的其他物质（如方解石、硅和氧化铁）将颗粒间的间隙填充。当水开始蒸发时，胶结作用就会发生。

贝壳灰岩

方解石

亚利桑那州的珊瑚

在5亿年前的古生代早期，这片现在位于美国西部山区的地带是一个珊瑚活动丰富的海岸。这就是今日在亚利桑那大峡谷看到的大量含碳酸钙地层的来源。这些地层与很多更年轻的岩石共存。

老珊瑚礁

现在的州界

现在的海岸线

古生代的海岸地区

珊瑚礁

珊瑚礁是一种能够抵御海浪和海水运动的岩石构造。它们由能产生光合作用的有机物和海洋动物组成，并（或）被其占据。其中一些拥有碳酸钙骨骼，例如珊瑚虫。这些软体动物是海葵和水母的近亲，过着群居生活。其坚硬的碳酸钙骨骼沉积后，转变为方解石。它们与一种叫作虫黄藻的单细胞海藻共生。

与海岸平行的堤礁

珊瑚如何生长

环礁湖

活的珊瑚虫

碳酸钙骨骼

大陆架

花鹿角珊瑚

花鹿角珊瑚

片脑纹珊瑚

珍珠：海中的珍宝

为了保护自己免受其他物体（如处于其套膜和外壳之间的沙粒）入侵，双壳类软体动物通过由蛋白质（贝壳硬蛋白）和方解石交替构成的同心结构，将入侵物质包裹。这一过程最终会产生珍珠。精美的珍珠由珍珠贝在温暖、洁净的热带水域产生。

1 珍珠母的层

由方解石和一种叫作贝壳硬蛋白的蛋白质构成。

牡蛎

沙粒

珠母的各层

珍珠（内部）

封存行为

2 珍珠光泽

由结晶的珍珠母的光学特性产生。

平珊瑚

珊瑚通常群居生活，形成逐层分布的珊瑚礁。

1米

珊瑚礁每年能向海面生长的高度。

天然珍珠

采集碎屑岩

碎屑岩是沉积岩中最为常见的类别。它们由较老岩石被磨圆的碎屑聚集形成。根据碎屑的尺寸，碎屑岩由小至大分为泥质岩、泥屑岩、灰岩、砂岩以及砾岩。通过对碎屑岩成分、胶结基质和层状分布的分析，人们可以重建岩石以及其所处地区的地质历史。一些碎屑岩易于脱落，可作为岩石颗粒用于工业和建筑业，而另一些则十分坚硬。

黏土、石灰和火山灰

这些物质形成了孔隙较少、颗粒细小的碎屑岩。泥屑岩由直径不超过 0.004 毫米的黏土颗粒组成，通常它们被压实、通过化学沉淀被胶结。灰岩得名于石灰，由稍大的颗粒（不超过 0.06 毫米）沉积形成。一些由火山灰组成的岩石具有相似的颗粒，它们在建筑业有着重要用途。

压实的火山灰

在很多沉积岩中，可以发现一层或数层细粒的火山碎屑（火山灰）。由较大颗粒的火山碎屑构成的岩石十分罕见，这需要岩浆在被喷至空中的过程中凝固，这样它们落地时已成为固态。这类岩石的起源为火成碎屑物，但其形成方式是沉淀。

凝灰岩

凝灰岩由已胶结的火山灰沉积形成，包括以下几类：主要由火山玻璃构成的晶质凝灰岩、含了岩石碎屑的石质凝灰岩以及由火山碎屑与黏土混合形成的混合凝灰岩。

40%

黏土被压实后减小的体积。

黏土（高岭土）
含水时，其体积增长。

黏土

这种通常被称作黏土的物质是未固结的岩石，它们由含水的铝硅酸盐组成，通常含有很多杂质。纯色的颗粒状黏土称作高岭土，它们松软，呈白色，甚至能在炉窑烧制后保持颜色不变。其含有鳞片状的微晶，常含杂质。

白垩

白垩由生物化学起源的方解石碎屑构成，此类材料出现在靠近海岸的海水中，经过侵蚀和搬运作用，它们在大陆坡堆积并被压实。

压实后
颗粒非常细小的沉积物。

各种砂岩

◢◤ 砂岩是由直径大多在 0.06-2 毫米的颗粒构成的岩石。砂岩根据矿物成分、复杂程度（地质历史）以及所含胶结物质的比例进行分类。石英碎屑岩（95% 以上是石英）、长石砂岩（主要成分为长石）、红砂岩（由含铁化合物胶结形成）和硬砂岩都属于砂岩。

砂岩

由小颗粒的砂构成，其颜色和结构变化形成分层。此类砂岩表明在沉积过程中有两种不同类型的颗粒交替出现。

长石砂岩

长石砂岩的成分不定，最高可含 25% 的石英和长石。其通常多孔隙，只有不到 1% 的间隙是空的。在这个标本中，粉色部分由长石构成，白色部分由石英形成。

硬砂岩

硬砂岩中碳酸钙、石英、长石和云母的比例固定。与一般的砂岩相比，硬砂岩中胶结材料的比例更高（超过 15%），这些物质形成了其颗粒基质。因此，硬砂岩更加致密。

20 % 的沉积岩是砂岩。

砾岩

◢◤ 组成砾岩的颗粒直径多在 2 毫米以上。在一些情况下，我们可以用肉眼鉴别出构成砾岩的原岩，从而确定沉积物起源的区域。砾石和胶结材料的累积可以告诉我们砾岩形成时岩石的坡度或河流的活动。根据以上信息，我们可以重建岩石的地质历史。

砾岩

砾岩由大的岩石碎片组成，它们是山崩后沉积物重新被压实的典型案例。这块标本中碎屑的不规则性指向其混乱的起源，它们可能形成于河流冲刷，也可能与冰碛物有关。

85 % 的碎屑大于 2 毫米。

显微镜下的角砾岩

角砾岩

角砾岩颗粒粗大，棱角和边缘齐直，这表明了沉积物未经长距离的搬运，胶结作用就发生在物质起源地区的周边。

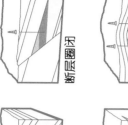
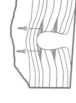
断层圈闭

盐穹

石油圈闭　储油岩层

盖层

背斜

地层圈闭

图例
▓ 天然气
▓ 石油
▓ 水

石油的形成

在约 2 千米深的厌氧环境中，该环境下形成的有机质沉积物转变为能够产出原油的岩石。

有机岩

有机岩由数百万年前的生物遗骸经分解、压实作用形成。在这些过程中，深度越大、温度越高，岩石的热值和热转换越大。这些物质经历的过程称为碳化。

煤炭的形成

2.85 亿年前，蕨类植物和树木在海洋或大陆盆地中沉积。水环境保护其不受空气氧化，这些材料在厌氧细菌的作用下逐渐富集碳元素。

1. 植物

地表的有机物被压在泥炭沼泽中其覆盖的水覆盖，有效阻止植物氧化。

2. 泥炭

在泥炭沼泽的酸性水中，经部分腐烂和碳化，有机物转化成煤炭。

含 60% 的碳

世界运动到可容器有机质源转移的地层例加巨大的压力，在 3 亿年的光景中使世界中如同显得化深度。

环境温度

图例
◆ 施加的压力

深度
可达 300 米

温度
正处...

地球内部的位置

植物死亡后形成泥炭。

泥炭被压实，发生转变。

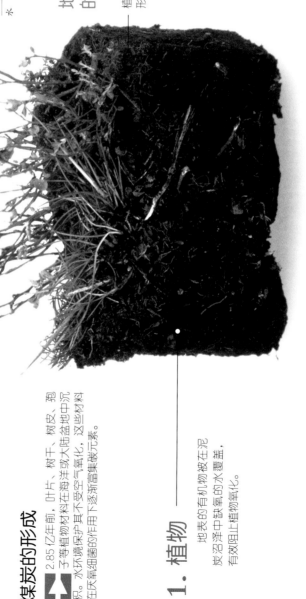

3. 褐煤

由泥炭压实转化成的棕色片状物质。从中仍可辨识出一些原始的植物结构。

— 富含腐殖酸的煤炭。

深度 300~1 500 米。

温度 可于 40℃。

含70%的碳

4. 煤炭

煤炭的干材料中，矿物含量不到40%。具有亚光光泽，与木炭相似，触碰起来很脏。

— 煤炭：获得气体和燃料。

深度 1 500~6 000 米。

温度 可达 400℃。

含80%的碳

5. 无烟煤

是碳含量最高的一类煤。由于含碳量高，挥发物质浓度低，无烟煤具有高热值。与普通煤炭相比，其更硬、更重。

— 变质作用，油气被释放。

深度 6 000~十万米。

温度 可达 800℃。

含95%的碳

无烟煤矿石

— 有时，无烟煤中可见植物化石的踪迹。

世界石油储量
（单位：10亿桶）

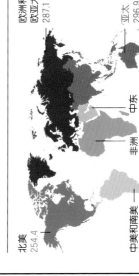

- 北美 59.5
- 中美和南美 103.5
- 欧洲和欧亚大陆 140.5
- 非洲 114.3
- 中东 742.7
- 亚太 40.2

世界煤炭储量
（单位：10亿吨）

- 北美 254.4
- 中美和南美 19.9
- 欧洲和欧亚大陆 287.1
- 非洲 50.3
- 中东 0.4
- 亚太 296.9

常见变质岩

　　变质岩的分类较为复杂，因为在同样的温压条件也可能产生不同的岩石。因此，根据是否有叶理，变质岩被分为两大类。在转化过程中，岩石的密度增加，重结晶过程产生更大颗粒的晶体。这一过程使矿物颗粒重组，形成层状或条带状结构。大多数岩石的颜色来自于组成岩石的矿物，但其结构不仅取决于成分。

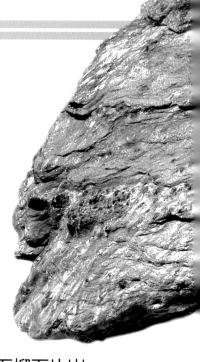

含石榴石片岩

　　该岩石得名于其组成。片岩表示其结构特征，石榴石表示其颜色和特有的物质特征。

板岩的显微照片

板岩由页状或层状的黏土矿物构成。

板岩

　　板岩因沉积物中有机质的碳而呈黑色。

云母片岩

　　其特征性颜色由无色或白色的云母晶体产生。

角闪石片岩

　　角闪石片岩含有一些钠，以及相当多的铁、铝。

板岩和千枚岩

▶　这些叶片状的岩石在适当的温压条件下会重结晶。板岩的颗粒十分细小，由微小的云母晶体组成。板岩在瓷砖、地砖、黑板和台球桌的生产中起着重要作用。几乎所有的板岩都通过沉积物中的低级变质作用形成，少数由火山灰形成。千枚岩的变质等级位于板岩和片岩之间，它由非常细小的云母晶体（如白云母、绿泥石）构成。

千枚岩

　　千枚岩与板岩相似，具有显著的丝绢光泽。

片麻岩

▶　片麻岩是通常含有长形和颗粒状矿物的条带状岩石。常见矿物包括石英、正长石和斜长石。它也可以含有少量白云母、黑云母和角闪石。其特征性条带由深浅色的硅酸盐矿物交替形成。片麻岩的矿物组成与花岗岩相近，它可以在沉积过程中产生，亦可由火成岩演化而成，但它同样可以经片岩的高级变质作用形成。片麻岩是变质序列中最后形成的一类岩石。

叶理

　　岩石受到压力，形成层状或条纹状结构。

板岩

　　由于表面呈叶片状脱落，板岩破裂成平板状。

条带

　　条带可以帮助人们判断岩石受力的方向。

含石榴石片岩

深红色的石榴石晶体
形成于变质过程。

大理石和石英岩

这些岩石结构致密，不呈页
状。大理石是大颗粒结晶质
岩石，它常由灰岩和白云岩转变
而成。由于其颜色和坚硬程度，
大理石常用于大型建筑的建造。
石英岩非常坚硬，常由富含石英的
砂岩构成。在变质条件下，砂岩
熔融成玻璃状。石英岩常为白色，
但氧化铁可以使其呈红色或粉色。

片岩

片岩的结构接近叶片状，可
脱落成小片。其20%以上
由平坦、细长的矿物构成，通常
包括云母和闪石。片岩的形成需
要更强的变质作用。不同片岩的
命名和特征取决于构成岩石的主
要矿物或产生页状剥落的矿物。
片岩中最重要的矿物包括云母、
角闪石和滑石。由于层次分明，
片岩可以被用于雕塑。

石英岩

石英岩十分坚硬，
石英颗粒相互缠绕，使
石英岩被压实。

7 这是石英的硬
度等级。

1毫米

或更大。这是片岩中
云母颗粒的尺寸，足
以肉眼观察到。

大理石

大理石因其
结构和颜色受到
推崇。它常用于
雕塑和建筑。

片麻岩

高温高压下，
花岗岩可以转化
成片麻岩。

大理石的显微照片

杂质和附属矿物使大理石着色。

佩特拉古城

古罗马的人们常提及一座神秘的石头城。

克哈特让这座古城重见天日。人们在佩特拉发现了新石器时代文明的遗迹，但这座古城是由游牧民族纳巴泰人在公元前4世纪建成的。纳巴泰人多从商，常入侵他族，这个民族通过控制香料贸易曾一度繁盛。这座在砂岩上刻出的古城在经历了繁华时代后，最终成为被黄土掩埋的废墟。

殿堂与墓穴

进入佩特拉古城的唯一途径是步行穿过一段岩石间的蜿蜒通道。这条通道长1.5千米，在一些地段宽度仅为1米。进入古城，首先映入眼帘的是卡兹尼玉宝，随后是罗马式的圆形剧场。这些建筑雕刻于崖壁上。目前已有超过3000座古墓被发掘，考古学家及现今游客还有自己的浩测工程。

景点

这里的石头建筑，是在1000多年的时间内完成的。

- 基督教徒墓穴
- 圆形剧场 玉座
- 艾尔库巴特山
- 乌姆埃尔比埃兹山
- 原始城墙
- 拜占庭时期城墙
- 神殿
- 主街道
- 哈比斯城堡

5千米

藏身于沙漠

佩特拉古城藏身于约旦首都安曼以南250千米处的群山之中，位于红海和死海非大裂谷以北。

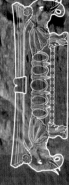

裂谷之上

佩特拉古城的崖壁距东非大裂谷的一部分。

公元363年，一场地震将古城摧毁。

起源争议

佩特拉古城的主要建筑风格，埃及和罗马引风格，但其与东方元素同样联系紧密。因而专家难以确定佩特拉的起源和建筑时间。城市的大部分装修与神殿内部严肃朴素的氛围形成鲜明对比。它包含了始于繁盛时期（公元前1世纪）的奢华公共浴室。但绝大多数佩特拉居民（最多时有2万人）居住在土坯房中。

大象

原产于非洲湖或印度的大象并不在古罗马的传统风格的家装饰中有见到。但存在这里我们可以在络达皇与刻的家饰神看见这些世界复数于佩特拉的，考古学家很难推断这些神兽的种类——

宝库

有考古专家认为这座宝库中藏有某位法老的宝藏。

联通两个世界的大门

这座雕塑刻画的是塞拉匹斯神。

对他产生崇拜。公元前4世纪，塞拉匹斯神起源于希腊，但佩特拉古城方尖石塔和立方体石块是埃及纪念碑的典型风格。长期以来，人们认为佩特拉是圣经中的城镇以东，其战略位置使之成为印度和非洲间的枢纽。罗马和占庭帝国都对它产生了这深远的影响。佩特拉是他们通往东方世界的城门。7世纪开始，纳巴泰文化逐渐与伊斯兰文化融合，并最终消失。

科林斯式柱头

这是希腊建筑中最经典的柱式之一。其他形式还包括更朴实的多立克式和罗马式。

有翼的狮子

这些雕塑位于阿塔溽溽斯神庙中，在纳巴泰文化中是丰饶之神。

雕刻于岩石上

在砂岩上的建筑等重件利用了其地形特征，建筑师会在岩石原有的裂缝上下凿孔洞。佩特拉城的砂岩由至少两种不同颜色的原始沉积物组成。一些人认为它们来自不同的地质阶段，但更可能的是，原始的砂由不同的颗粒构成。

砂岩

这是一种具有中等大小颗粒（小于2毫米）的沉积岩，十分坚硬，其矿物成分不固定。在砂岩砂漠中，砂形成了崎岖不平的岩石峰峦，是亚历山大和罗马式神龛的最佳位置。

塞拉匹斯神

他灵隐藏着众多秘密的希腊之神，在埃及圣像图中，塞拉匹斯神长有双角。

岩石与矿物的应用

在很早以前，人们就已经开始挖掘煤矿了，很多时候工人需要深入到地下采矿，因为矿脉常在几十米深的地下。人们只有挖到地球的肚子里，才能收获资源带来的财富。可以说，这些矿物是现代人类文明的基础，因为它们是人们日常生活中所需物品的原材料。可惜，地球中储藏的煤、油和天然

气已经逐渐枯竭。人们只有继续寻找这些资
源的替代品。核能是常被人们提起的替代能
源之一，它需要一种从特定岩石中提取出的
铀元素，才能发挥作用。

日常生活

如果无法使用岩石、矿物制作金属或者非金属的物品，现代人的日常生活将难以为继。为了展示它们的重要性，我们可以从观察构成一辆汽车的元素开始，看看它们是如何被加工处理，最终造出一辆汽车的。有时，我们很容易分辨出一种元素的结构和特征，但是对于另一些元素，比如非金属的煤炭或硫元素，却很难察觉它在存在，这些元素在汽车制造中也是不可缺少的。在这个过程中，我们会强调各种元素的物理、化学和电子特征。

车身
铝、钛、镁和钢材

能量的源泉：碳氢化合物

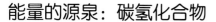 燃烧石油或者相关衍生物，能为引擎提供能量。燃烧过程从油箱开始，燃料在雾化燃烧后，又将废气从排气管中排出，完成整个流程。在最后，还有一个布满了上千小孔的催化过滤器，它能过滤一氧化碳和氧化氮等有毒气体。

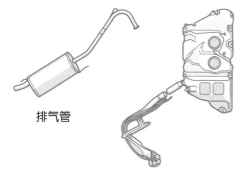

油箱

排气管

铝
轻便耐久

铁
结实牢固

电子元件：导体、绝缘体和半导体

能够使电子自由移动的金属是电缆和电路的核心所在。非金属元素中的电子无法自由移动，因此常被用作绝缘体（有些非金属元素的聚合物也是一样）。还有一些比较特殊的矿物，比如硅，它呈现出过渡性的特征，可以在电子元件加工的过程中加入杂质，从而改变属性。

控制面板

在有些面积很小的接驳区，会使用金之类的贵金属，因为金的导电性能最好；在其他芯片和电子元件中，硅非常常见；在有些特殊的夜光区，会添加锶作为涂料。

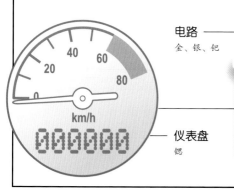

电路
金、银、钯

仪表盘
锶

0.03 千克 / 立方米

镁是在所有工业用途的金属材料中最轻的。

涡轮
铂

头灯
钨

锁
锌涂层

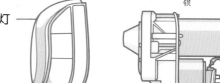

点火装置
钡

金属

汽车的机身是由铁（钢铁和磁铁都有）、铝和镁构成的。在有其他要求的部件中，也会使用别的金属元素，比如要求耐扭曲（钒和镉）、耐高温（钴）、耐腐蚀（镍和锌）的部件。部分特殊部件中，会使用钡和铂。在润滑剂、机油和汽车喷涂中，也会少量使用其他金属元素。

20%

在同等重量的情况下，铝的体积要比铁大 20%。

弹簧
镉

引擎架
用于固定引擎，由磁铁和铁构成。

连接线系统
铜

座位
黑色玻璃纤维
弹簧钢材

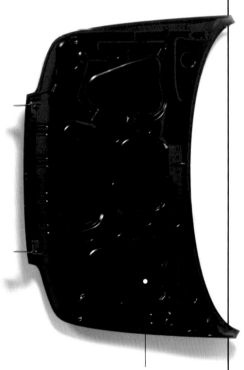

镁
增加柔韧性。

非金属

在汽车制造中，硅和硅的衍生品（硅酮、二氧化硅、硅酸盐等）无处不在。它们要么以晶体的形式出现（石英），要么以非晶体的形式出现（玻璃）。还有一些非金属可以添加到金属中，强化材料特性。例如，添加到钢铁中的碳，橡胶轮胎硫化处理中使用的硫。

轮辐
在轮辐表层的合金中，通常会添加钛。

镜子
玻璃和铅

窗户
玻璃（二氧化硅）

方向盘
硅质涂层

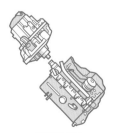

引擎轴承
石棉

火花塞
陶瓷（高岭土）

轮胎
硫化处理的铁丝网

金银山

　　从选定一个可能存在价值的矿区做进一步勘探，到成规模、成批量地把矿产从地下采出，需要大量复杂的工作，也需要数十年的时间。比如，为了开发位于阿根廷圣胡安附近的费拉德洛露天金银矿，加拿大巴利克黄金公司花了数十年的时间勘探，最终在 2005 年 10 月，才炼出第一批金块。为了开矿，公路和住宅也都得跟上。开矿带来的潜在环境影响在勘探之前就已经做过分析了，从岩石中提取和分离矿物所需的有毒物质（比如氰化物），也在开采前就研究过了。

费拉德洛
阿根廷

南纬 29 度
西经 70 度

总面积	3 000 平方千米
雇佣人数（峰值）	5 000
黄金储量	900 吨
开发周期	17 年

巨大的露天矿床

　　如图所示，费拉德洛位于阿根廷的圣胡安，每年大概需要消耗 2 300 吨金属材料，每年大概需要消耗 2 520 吨的氰化钠，用于提取金子。

费拉德洛
矿区

圣胡安

4 000 米

这是这处矿区的海拔。

1.

展望期
1 到 3 年
花费：1 000 万美元

　　这个项目是从 1994 年开始的。在初期阶段，大量可能存在矿产的区域都经过了细致分析。绘制地图、制作卫星遥感图、汇总研究和田野调查，对分析表层岩石都很重要。

非生产性区域
无法产出达标的矿产。

潜在性区域
可以通过钻孔或爆破做进一步研究。

表层岩石
在寻找合适矿产的过程中，会收集本区域的岩石样品，做进一步分析。

观察分析岩石

岩层
地质图就是根据岩层的信息绘制的。

直接观测
地质学家会前往现场，采集岩石样品。

3. 绘制蓝图期
2 到 5 年
花费：54 700 万美元

储量和费用都经过分析后，就需要开矿，并同时评估开采工作会对环境造成的可能影响。基础设施也在这个阶段同期建设，其中包括道路、住宅和河流改道。

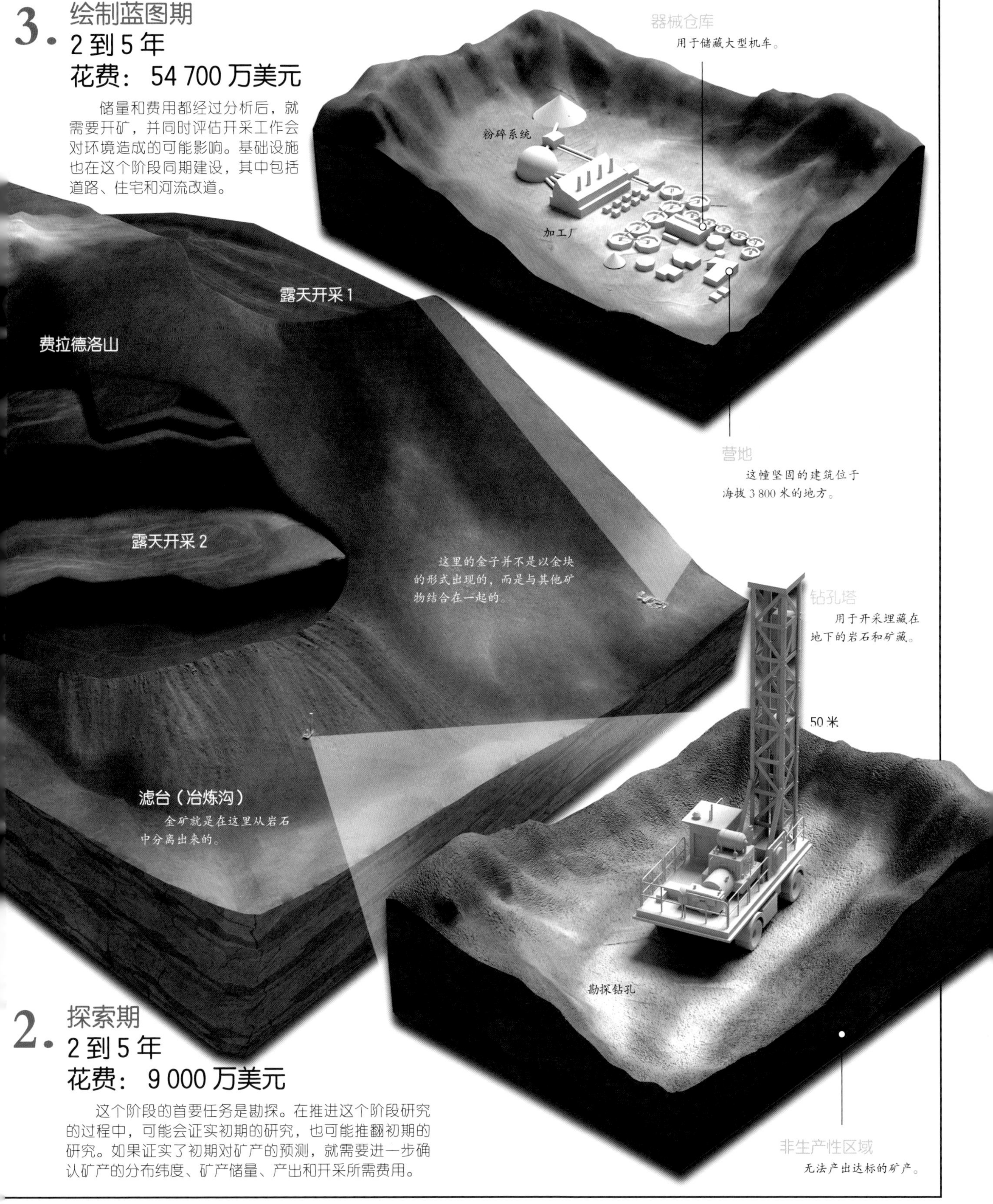

器械仓库
用于储藏大型机车。

粉碎系统

加工厂

营地
这幢坚固的建筑位于海拔 3 800 米的地方。

费拉德洛山

露天开采 1

露天开采 2

这里的金子并不是以金块的形式出现的，而是与其他矿物结合在一起的。

钻孔塔
用于开采埋藏在地下的岩石和矿藏。

50 米

滤台（冶炼沟）
金矿就是在这里从岩石中分离出来的。

勘探钻孔

2. 探索期
2 到 5 年
花费：9 000 万美元

这个阶段的首要任务是勘探。在推进这个阶段研究的过程中，可能会证实初期的研究，也可能推翻初期的研究。如果证实了初期对矿产的预测，就需要进一步确认矿产的分布纬度、矿产储量、产出和开采所需费用。

非生产性区域
无法产出达标的矿产。

露天矿坑

　　矿产有很多种不同的存在方式，有的存在于地球内部，有的则出露到了地表。犹他州宾厄姆峡谷中的铜矿坑，不仅是世界上最重要的露天矿坑之一，还是开采范围最广的一个矿坑。它大到甚至可以从太空中直接看到。这座矿坑从 1903 年就启动开采工作了，现在，长时间的开采已经让它形成了农业中常见的梯田样式。这座矿坑的开采活动从来没有停止过，即使是周末和节假日也照常工作。在提取铜的过程中，不仅会涉及使用机械设备做粒度筛选，还会通过叫作浸滤或者滤析的混合冶金化学处理。有了这个步骤，我们可以在每千克只含有约 1 克铜的原材料中，提取出纯度位 99.9% 的铜。

如何炼制金属

　　在开采过程中，会使用成千上万的炸药、卡车和挖掘机，这些卡车和挖掘机像房子一样硕大。矿场上的碾磨机可以把坚硬的岩石碾碎，再送往下一个炼制环节。炼制过程中，温度可能会高达 2 500 摄氏度。就这样，铜就从世界上规模最大的露天矿坑中炼制出来了。

　　在露天平台上粗加工的材料还含有很多铜的氧化物。这种材料会被送往碾磨机，处理出 4 厘米见方的小方块。此时，堆积在一起的方块还要用硫酸溶液处理，这个过程叫作浸滤或者滤析。浸滤是一种处理矿物的冶金方法，它能使我们更容易提取出矿物中已经被氧化的铜。这个过程会使原材料中被氧化的铜发生硫化现象。

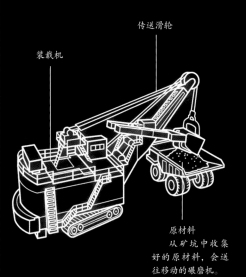

装载机
传送滑轮

原材料
从矿坑中收集好的原材料，会送往移动的碾磨机。

浸滤

　　这种冶金处理工艺需要用水和硫酸来处理，处理后，可以提取出原本已经被氧化的铜。矿物的氧化物一般对酸溶液非常敏感。

1 如何获取材料

在凿完洞，做完爆破后，矿坑中散落的矿石会被装上大卡车运走。这些矿石会被卸载到一个移动的碾磨机上，处理掉围岩后再送上传送带，喷淋水和硫酸溶液。

0.56%

这是在原材料中铜的含量。

2 处理碎石堆

　　送上传送带后，材料就会前往接受浸滤或者滤析处理。在这个处理流程的上方早已经安装好了一个喷淋系统，它能覆盖整个区域。这些材料需要在这里接受 45 天的喷淋处理。

45 克 / 升

在浸滤处理后，铜的含量已经提高到这个数据。

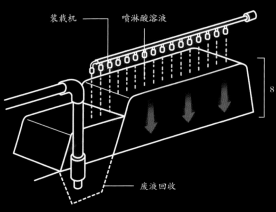

装载机
喷淋酸溶液
8 米
废液回收

宾汉峡谷
美国

北纬 40 度 32 分

西经 112 度 9 分

矿坑直径	4 千米
矿坑深度	700 米
启动时间	1903 年
关闭时间	2013 年
雇员	1 700

水池

矿坑的底部已经到了潜水面之下最近的潜水面了，因此积蓄起了水池。由于喷淋会使部分铜盐溶解在水中，水池又表现出一种特殊的蓝色。

表层露台的性状

由于矿坑是呈螺旋形往下挖掘的，所以单侧看来会呈现出阶梯状。工程设备可以很容易地在露台上穿行，收集和运输原材料。

道路

这里的道路质量非常好，能够承受单卡车装 50 立方米的岩石。

3 铜回收

在生产铜的最后一步，一般会采用电解提纯。在这个过程中，电流会从溶液两端的铜板上穿过，溶液中的铜则会逐渐通过电解作用分离出来，贴附在铜板上。

99%

这是此时铜的纯度。

铜板

电解池

平台

矿坑下部

最高潜水位

0.7 千米

4 千米

矿的形成

露天矿藏一般会形成阶梯状的矿坑，它会越挖越深，最外层的口径也会越来越大。从上面看，能看到一个巨大的螺旋状凹陷。在露天矿中开采作业是所有需要开采高纯度矿的工作中，最便宜、最简单的方式了。

无尽的财富

在 19 世纪中期，加利福尼亚萨克拉门托河引发的淘金热，开启了同时期最大的移民潮。大量来自美国本土和亚洲的淘金者前往这里，可惜，只有极少数人成功地实现了致富的梦想。为了淘金，前来的人每年都需要在相关设备上投资大量钱财，到最后，设备供应商反而成了获利最大的人。黄金是当时人们定居加利福尼亚最主要的原因，现在这里已经成了美国最富有的州。顶峰时期，移民相关的事务在社会和市政服务中占据了压倒性的优势。当时，这里差不多每天要建造 30 所房子。

营地

恶劣的居住环境夺走了很多工人的性命，疾病也使很多人丧命。

冲洗过的颗粒

研磨

驴拖着沉重的巨石，碾压矿石。这样，矿石破碎后，才能取出藏在石头中的金子。

正在清洗的矿石

清洗设备

已经清洗过的矿石

手工制作

由于缺少资源和工具，几乎所有工作都需要手工进行。

簸箕

来回摇动簸箕，可以把金矿和其他杂质分开，因为它们的重量是不同的。

移民

为了这里潜在的财富，很多移民也大批涌入，他们是淘金热中主要的劳动力。

① **1848 年**

在 1 月 24 日的那个上午，詹姆斯·马歇尔正在给他的雇主约翰·萨特修风车，在萨克拉门托河岸边，他突然发现了金矿。这个意外的发现，彻底改变了加利福尼亚的历史。

16 美元

这是当时加利福尼亚州一小块地的地价，18 个月后，地价已经涨到了 45 000 美元。

② **1850 年**

加利福尼亚州是第 31 个加入美利坚合众国的，当时奴隶制已被废止了。但是由于大量移民涌入，当地工人担心会拉低薪资水平，当时州内还通过了逃难奴隶法案。根据这条法令，逃难到这里的奴隶必须回到他 / 她们原来的雇主那里。

移民潮

在 1848 年，加利福尼亚的人口仅有 14 000；然而，在 4 年以后，随着淘金热达到顶点，这里的人口也攀升到了 223 856。

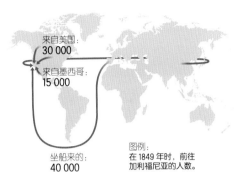

来自美国
30 000

来自墨西哥
15 000

坐船来的：
40 000

图例：
在 1849 年时，前往加利福尼亚的人数。

美国

加利福尼亚
萨克拉门托河

水闸箱

当水流过人工河道时，沿着河道底部设置的障碍物会阻碍金子前行（因为金子更重），从而把金子从其他杂质中筛选出来。

100

这是每位工人可能需要照管的水闸箱数量。

新开辟的河道

人工河道

干涸的河床

工人挖掘沙砾

干涸的河床

斜坡
当水流流过后，金子会沉淀到锯齿状的底部。

金矿筛选器

原始河床

在泥土中的金子
在干涸的河床上也能找到金子，它们以金沙、金块或者一小块岩石碎屑的形态出现。

重返河道
当经过人工河道的河水完成了筛选金矿的任务后，又会被引回到原来的河床中。

料斗

砾石放置在料斗中，沉积材料通过一个杠杆来被移除。注入水后，杂质就会和金子分离开来，因为杂质的密度较轻，而金子的密度大于水。

干涸的河流
在 1853 年时，人们投资了 300 万美元使尤巴河改道，这条河曾经会并入萨克拉门托河。新开辟的水渠就是为了淘洗金矿的。

50 000 万美元

这是在前后 10 年的时间中，这里一共交易的黄金价格。

3 1852 年
当地表的金矿逐渐枯竭时，开发者投入了更复杂的技术，开发地下的金矿。使用高速水流的水利采矿也逐渐兴起，用于开采金矿。在很长一段时间内，专事挖掘的矿工成了主力雇员。

像煤炭一样黑

矿工们必须进入到地下的走廊矿道中，才能攫取这颗星球提供给大家的矿物资源。有时人们深入地下是为了获取煤矿，通过下图，我们可以清晰地给大家展示整个开发过程。煤矿对人类历史至关重要，是工业革命中赫赫有名的驱动力。尽管这种采矿方式需要消耗大量的财力，让员工背负很大的危险，但它对环境的影响却相当小。

煤矿是怎么被挖掘出来的

6. 分布

远煤的列车会把煤炭从原产地向消耗地输送。

5. 洗煤和分选

煤矿时常与泥和岩石混杂在一块儿，它们必须被清洗干净，并且按质量和粒度大小分类。

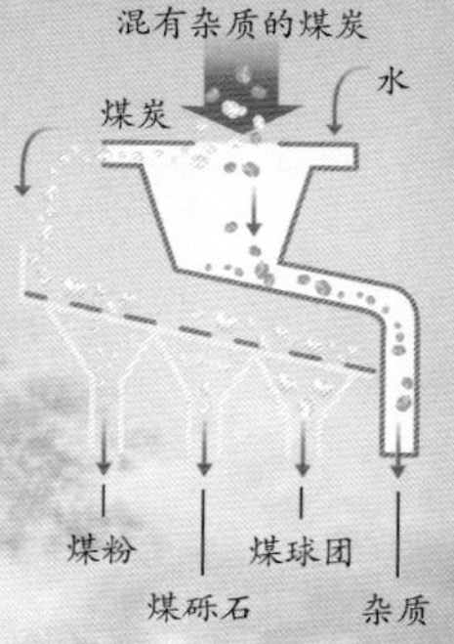

煤炭是通过倾析的方式从原始的材料中选出的。

水

泥和杂质的煤炭 → 煤炭

煤粉

煤碎石

杂质

煤球团

清洗分类塔

开采塔

通风设施

不好，地下的甲烷气体就会聚集，这是一种可以引发爆炸的气体，会增大开采的危险系数。

如果通风设施不好，地下的甲烷气体就会聚集，这是一种可以引发爆炸的气体，会增大开采的危险系数。

清洁空气通道

60%

的煤炭都是从地下挖掘出来的。

主要产量
2013 年（百万吨）

国家	产量
中国	1 635
美国	1 070
印度	503
俄罗斯	294
南非	264

主要消耗
2013 年（百万吨）

中国	1 531
美国	1 094
印度	430
德国	273
南非	264

电梯
煤矿会运往主矿井的载货电梯，通过电梯把煤矿运往地面。

矿工运输机

运输
挖掘出的煤矿会被传送带送往主矿井，向地面运输。

挖掘
通过使用矿下采用的机械设备，可以持续挖取煤矿。

运动臂

煤层

1. 凿孔
为了靠近煤矿脉，一般会钻凿垂直的主矿井。

1.8 吨
这是煤矿挖掘机每小时可采集的煤矿重量。

运动臂

运载电梯

矿井中的交通
当身处矿井中时，矿工一般步行，或者乘坐通往煤矿脉的列车。

矿工运输机

沉井道

废气孔

1.52 千米
这是主矿井可深入地下的深度。

运动臂

黑金

作为一种能源，石油（或者叫原油）有着独特的经济价值，所以又被称为黑金。为了勘探石油，需要耗费大量的资金和时间，而这些投资还不一定能得到回报。一旦勘探到石油，又需要投入大量昂贵的机械设备，包括提取石油的油泵，把石油炼化成各种成品油的加工设备等。在世界范围内，石油的交易也非常赚钱。油价的变动会对国家经济的稳定产生影响，甚至会让整个国家处于戒备状态。要知道，石油是一种非可再生资源。

3. 开采

一旦验证具有经济价值，前期的钻井系统就会取出，替换成开采系统。

使石油从地下喷出的方法

溶解在石油中的气体使石油向上喷涌。

聚集在油层顶部的气体对石油挤压，从而使石油喷涌。

人工注入大量的水，使地下压力增加，从而推动石油喷涌。

如何获取石油

1. 搜寻

前期会用间接手段探测是否有碳氢化合物存在。然而这时收集的信息，并不能完全确认具体的情况。

地震车

在搜寻的工区中，会在不同的点位上布置地震车。

2. 勘探

当找到储油层后，会打井做进一步勘探，确认这里的油田是否有经济价值。

钻井柱
这根管子会打入地下。

输送钻井泥浆的管道

电马达

回收钻井泥浆用的水池

油泵

压泵系统
如果石油无法自己喷出，就会使用压泵系统。

震动的地层

地震波检测器

钻探井

地震波
地震波能穿越地球中的岩层，当它遇到不同岩层之间的界面和变化时，也能反射回一部分波。

反射波
地震波检测器会监听地下返回的波，通过收集到的信息，可以生成地震波剖面图

1 钻井
强劲的马达能够驱动钻井杆转动

2 钻头
能穿透岩层直抵含有碳氢化合物的岩层

3 小心为上
一旦发现了石油，钻探的速度就会放慢，各个阀门也要关闭，以防石油在高压状态下喷出地面

钻头的细节

钻头上滚动的齿轮

坚固的岩石

钻井泥浆
施工人员会从地表把钻井泥浆灌到钻杆的钻头处。

当泥浆上涌的同时，也能携带岩层的碎块，显示已经钻到地层的性质。

4. 运输

油轮能把原油带往炼油厂，在炼油厂中，能炼化出不同的油品。

5. 提炼

原油中不同成分的物质会在不同的温度沸腾蒸发，通过这个特性可以把不同的成分分离出来。一般来说，人们可以采用两种方式提炼原油：分馏和裂解。

分馏

蒸馏管

轻质量分子

中等质量分子

碳氢化合物

原油

加热

裂解

这是使大分子分裂，变成小分子的过程。

小分子

催化裂解厂

分馏的产物

接近沸点　气

100 摄氏度 — 汽油

200 摄氏度 — 煤油

300 摄氏度 — 柴油

原油

残留物

分馏炉

原油仓库

油轮

炼油厂

设备室

大陆地壳

分成一块一块的货仓

海洋

black gold

大陆地壳

注入气体或水

向地下注入的空气或者水是处于高压条件下的，因此体积在自然压强下会增加

2 提升石油

注入的物质会驱动石油快速上涌

泥质岩

气体

石油

水

坚硬的岩石

77%

这是从地下油藏中开采出来的石油比例。

主要开采

2004 年

中东 29.6%

欧亚 22.1%

北美 18.2%

中南美 9.2%

亚太 10.2%

非洲 10.8%

主要消耗

2004 年

北美 30.1%

亚太 28.8%

非洲 3.3%

中东 5.9%

中南美 6.0%

欧亚 25.9%

在过去 10 年中，北美和亚太地区的石油消耗量增长了 90%。

放射性矿物

在 20 世纪中期，因为军事原因，人类首次使用了铀和钍。第二次世界大战结束后，核燃料和核反应堆开始用于提供能源。建造核电厂时，必须遵循一系列的安全原则，因为这项工程十分危险。在切尔诺贝利，就曾因为核燃料泄露引发了一场巨大的危机；近年，日本福岛核电站泄露的问题也让大家意识到，一旦核燃料失控，将引发严重的后果。在图中，我们展示了核反应堆的结构、核反应堆的核心部件、如何处理铀元素以及如何安静地使用这种核燃料。

压力容器

▶ 通常情况下，核反应堆安置在铁质的压力容器中，这个容器的壁厚可达 0.5 米。核燃料同样也在压力容器中，只是它封装在锆合金片中。这样的设计是为了符合核燃料安全原则：阻止反射过程中的产物泄露到周围的环境中。

处理铀元素

铀 235 是在自然条件下唯一能找到的铀的同位素，它非常容易发生裂变，是核电站中最主要的发射性燃料。

反应堆的核心

位于压力容器的下部，这里大概有 200 多组 4 米高的燃料片，每张燃料片的厚度在 1 厘米左右。

300℃

这是水团的温度。

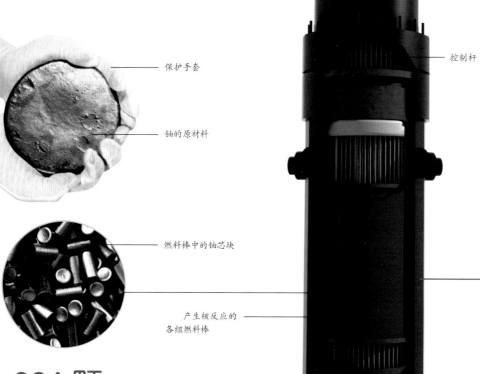

保护手套

铀的原材料

燃料棒中的铀芯块

产生核反应的各组燃料棒

控制杆

机械师

管道隧道

264 颗

这是每组燃料杆中的燃料棒数量。

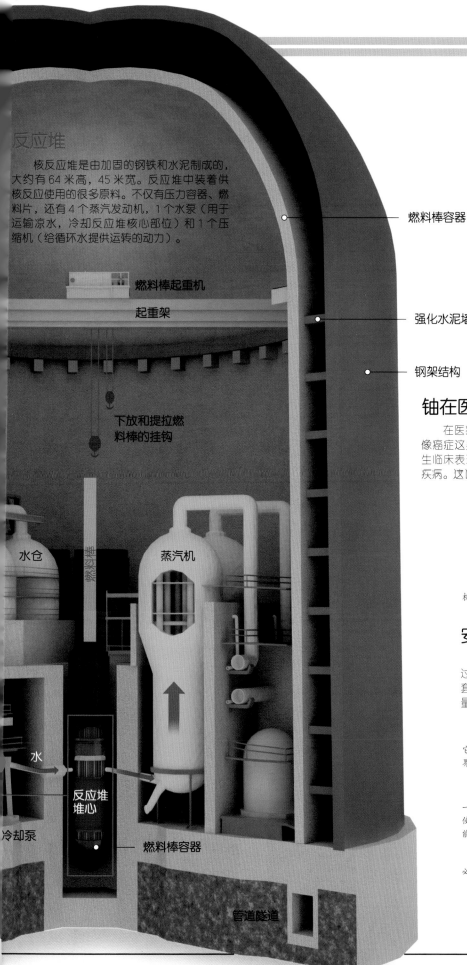

反应堆

核反应堆是由加固的钢铁和水泥制成的，大约有 64 米高，45 米宽。反应堆中装着供核反应使用的很多原料。不仅有压力容器、燃料片，还有 4 个蒸汽发动机，1 个水泵（用于运输凉水，冷却反应堆核心部位）和 1 个压缩机（给循环水提供运转的动力）。

燃料棒起重机

起重架

下放和提拉燃料棒的挂钩

水仓

燃料棒

蒸汽机

水

反应堆堆心

冷却泵

燃料棒容器

管道隧道

燃料棒容器

强化水泥墙

钢架结构

碳 14

根据放射性元素衰变的周期性规律，我们可以用碳 -14 测量有机化石的年龄。如果一个有机生命体在 5 730 年前死亡，到现在它体内碳 -14 的量已经衰减到原来的一半了。因此根据有机质体内残留的碳 -14 的量，可以计算出它的死亡时间。

50 000 年前

猛犸幼象

铀在医疗中的应用

在医疗中也可以使用放射性元素。它们可以检测像癌症这类会出现器质性病变的疾病。在这种疾病产生临床表现前，用放射性来检测的手段可以提早检出疾病。这让医生可以安排疗效更好的早期治疗方案。

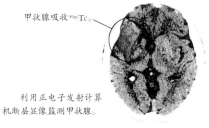

甲状腺吸收 ^{99m}Tc。

利用正电子发射计算机断层显像监测甲状腺。

安全服

在处理放射性元素（比如已经使用过的燃料棒）时，工作人员必须穿上全套保护工作服，因为它依然残留着高剂量的放射性。

工作服完全密封，它可以把工作人员和外界的环境隔绝开。

工作人员随身带了一个氧气瓶，这样，即使工作服完全密闭，也能顺畅呼吸。

工作人员的双手也必须由分指的手套保护。

反应堆与真人比例

图书在版编目（ＣＩＰ）数据

岩石和矿物 / 西班牙Sol90公司著著 ；田小森译
. -- 成都：四川少年儿童出版社，2019.12
　　（世界原来是这样的）
　　ISBN 978-7-5365-9747-1

　　Ⅰ．①岩… Ⅱ．①西… ②田… Ⅲ．①岩石学－少儿
读物②矿物学－少儿读物 Ⅳ．①P5-49

　　中国版本图书馆CIP数据核字(2019)第271536号
　　四川省版权局著作权合同登记号：图进字2019-204

出 版 人：常　青　　　　　　　　出　　版：四川少年儿童出版社
项目统筹：高海潮　　　　　　　　地　　址：成都市槐树街2号
责任编辑：王晗笑　　　　　　　　网　　址：http://www.sccph.com.cn
封面设计：汪丽华　　　　　　　　网　　店：http://scsnetcbs.tmall.com
美术编辑：徐小如　　　　　　　　经　　销：新华书店
责任印制：袁学团　　　　　　　　印　　刷：成都市金雅迪彩色印刷有限公司
　　　　　　　　　　　　　　　　成品尺寸：270mm×210mm
　　　　　　　　　　　　　　　　开　　本：16
　　　　　　　　　　　　　　　　印　　张：5.75
YANSHI HE KUANGWU　　　　　　字　　数：115千
书　　名：岩石和矿物　　　　　　版　　次：2020年1月第1版
图书策划：上海懿海文化传播中心　印　　次：2020年1月第1次印刷
原　　著：[西]西班牙Sol90公司　　书　　号：ISBN 978-7-5365-9747-1
翻　　译：田小森　　　　　　　　定　　价：39.80元

版权所有　翻印必究

若发现印装质量问题，请及时向发行部联系调换。
地　　址：成都市槐树街2号四川出版大厦六层四川少年儿童出版社发行部
邮　　编：610031　　咨询电话：028-86259237　86259232